食品雕刻教程

李祥睿　陈洪华　主编

化学工业出版社

·北京·

内容简介

本书介绍了食品雕刻的基础知识和一些作品实例。基础知识部分包括食品雕刻的一般原则、常见材料、专用工具、常用技巧和手法、主要操作步骤等。作品实例分为植物类、动物类和其他类，涉及花卉、果、蔬、鸟、鱼、虾、虫、兽类等动植物造型，以及塔、亭、桥、山、水等风景效果。书中以图文并茂的形式，对作品进行了具体的、详细的制作案例讲解，指导读者构思作品和运用雕刻技法。

本书适合餐饮从业人员、烹饪专业师生参考阅读，也适合烹饪爱好者自学。

图书在版编目（CIP）数据

食品雕刻教程 / 李祥睿，陈洪华主编. -- 北京 ：化学工业出版社，2025. 3. -- ISBN 978-7-122-47260-1

Ⅰ. TS972.114

中国国家版本馆CIP数据核字第2025KP5945号

责任编辑：彭爱铭　　装帧设计：史利平

责任校对：田睿涵

出版发行：化学工业出版社（北京市东城区青年湖南街13号　邮政编码100011）

印　　装：北京华联印刷有限公司

710mm×1000mm　1/16　印张$8^{1}/_{2}$　字数143千字　2025年5月北京第1版第1次印刷

购书咨询：010-64518888　　售后服务：010-64518899

网　　址：http://www.cip.com.cn

凡购买本书，如有缺损质量问题，本社销售中心负责调换。

定　　价：49.00元

前言

食品雕刻作为一门独特的艺术形式，源于我国悠久的历史文化。自古以来，我国人民就注重饮食的美感，追求色、香、味、形、器的和谐统一。食品雕刻便是这种追求的极致体现。它将普通的食材赋予了艺术的生命，让人们在品尝美食的同时，也能欣赏到美食的视觉盛宴。

食品雕刻艺术在我国有着悠久的历史。早在春秋战国时期，就有关于食品雕刻的记载。到了唐宋时期，食品雕刻艺术达到了一定高度，各种瓜果、蔬菜等食材都能成为雕刻的对象。明清时期，食品雕刻更是成为了宫廷菜肴的重要组成部分，象征着皇权的尊贵和富丽。

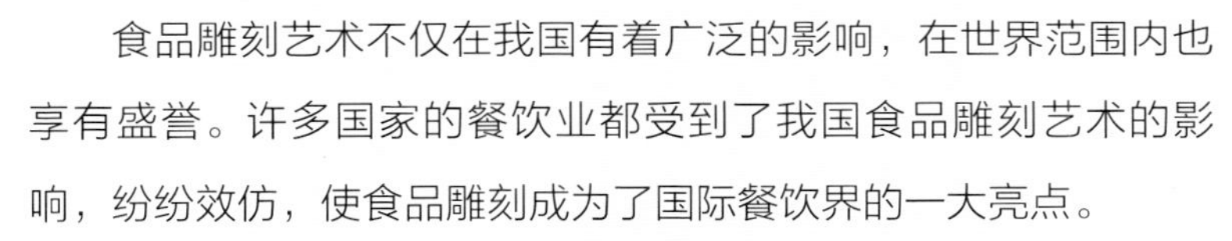

食品雕刻艺术不仅在我国有着广泛的影响，在世界范围内也享有盛誉。许多国家的餐饮业都受到了我国食品雕刻艺术的影响，纷纷效仿，使食品雕刻成为了国际餐饮界的一大亮点。

本书以实用性为主，注重理论与实践相结合。全书共分为两个部分。

第一部分：食品雕刻理论部分。分为食品雕刻概述、食品雕刻的常见分类、食品雕刻的一般原则、食品雕刻的常见材料、食品雕刻的专用工具、食品雕刻的常用手法、食品雕刻的主要步骤、食品雕刻作品的保管等内容，让读者对食品雕刻艺术有一个全面的了解。

第二部分：食品雕刻的常见案例部分。分为植物类、动物类和其他类；植物类中分为花类、果蔬类；动物类中分为鸟、鱼、虫、兽类等；其他类包括亭、塔、墙、桥、山等；以图文步骤的形式，详细分布讲解，使读者能够轻松掌握。本书适合作为烹饪职业院校的食品雕刻教材，也适合于烹饪爱好者自学。

本书由扬州大学李祥睿、陈洪华担任主编；无锡旅游商贸高等职业技术学校杭东宏、安徽工商职业学院郑帅帅和蒋一璟、安徽中澳科技职业学院朱正义和徐杭、上海新东方烹饪学校张恒和吴杰、江苏省宿豫中等专业学校盛红凤、江苏省车辐中等专业学校皮衍秋、江苏省金陵高等职业技术学校贺芝芝、扬州大学陆广念担任副主编。江苏省吴江中等专业学校王茜茜、江苏省泗阳中等专业学校牛林娜和谷小波、杭州第一技师学院陶胜尧参与了编写工作。

本书在编写过程中，得到了扬州大学旅游烹饪学院、无锡旅游商贸高等职业技术学校和化学工业出版社各级领导的支持，在此一并表示谢忱！

李祥睿　陈洪华

2025 年 1 月

目录

第一篇　食品雕刻基础知识

第二篇　食品雕刻实例

第一篇

食品雕刻基础知识

一、食品雕刻概述

（一）食品雕刻的概念阐述

食品雕刻，一般是指在瓜果蔬菜上所做的雕刻。它通常是那些能烹会煮、懂切善刻的烹饪大厨，仅凭一把小小的刻刀，就能在再寻常不过的普通果蔬食材上雕龙描凤、雕花刻叶、雕梁画栋，创作出一件件既赏心悦目、又有食用价值的立体作品。

食品雕刻有美化菜肴、装点宴席的功效，是艺术的结晶。食品雕刻能够很好地将形体与色彩搭配得恰到好处，工艺性极强，它是我国五千年烹饪文化长河里的一朵奇葩。

（二）食品雕刻的发展过程

我国历来有美食王国的美称，这顶桂冠应该说是名副其实。食品雕刻历史悠久，大约在春秋时已有雏形。《管子》一书中曾提到“雕卵”，即在蛋上进行雕画，可能是世界上最早的食品雕刻。

至隋唐时，又在酥酪、鸡蛋、脂油上进行雕镂，装饰在饭的上面。宋代，席上雕刻食品成为风尚，所雕的为果品、姜、笋制成的蜜饯，造型为千姿百态的鸟兽虫鱼与亭台楼阁。

至清代乾、嘉年间，扬州席上，厨师雕有“西瓜灯”，专供欣赏，不供食用；北京中秋赏月时，往往雕西瓜为莲瓣；此外更有雕冬瓜盅、西瓜盅者，瓜灯首推淮扬，冬瓜盅以广东为著名，瓜皮上雕有花纹，瓤内装有美味，赏瓜食馔，独具风味。

这些都体现了中国厨师高超的技艺与巧思，与工艺美术中的玉雕、石雕一样，是一门充满诗情画意的艺术，至今被外国朋友赞誉为“中国厨师的绝技”和“东方饮食艺术的明珠”。

（三）食品雕刻的合理运用

1. 食品雕刻在突出筵席主题中的运用

一般采用立雕，即立体雕刻手法，作品从每一个角度去看都是一个完整协调的整体。在一桌佳肴之中，放一件与宴席内容相适应的果蔬立雕作品，使之与各种不同颜色、口味、形状的菜肴融为一体，互相衬托，令客人感受到一种愉快的气氛，客观上也提高了宴席的档次。

在实际运用中，立雕作品还可以根据筵席的内容和客人不同的习惯与要求，选用适应不同主题、造型和色彩的果蔬雕刻作品。如老人的祝寿宴，可上“寿星”立雕作品，以示祝贺老人福如东海、寿比南山。一般的生日宴会上，则可根据过生日者的属相雕刻作品，如属龙的，可配上一条引人注目的金龙、银龙或青龙（即用胡萝卜、白萝卜、青萝卜为原料雕刻的）。如果是总结表彰、经验交流的会议宴会，则可上雕刻的花篮、花坛等以示丰收和祝贺之意。

2. 食品雕刻在凉菜中的运用

根据凉菜的色、香、味、形、质、器，雕刻出与之相适应的物象，配在凉菜中一起上桌。如“白斩鸡”，可配上一只雕刻出的站立的雄鸡；“熏鱼”“五香鱼条”，可配上一条雕刻得欲要蹦出的鲤鱼；“盐水虾”，配一只雕刻得栩栩如生的大虾等。如果是上一个大型的冷拼盘，还可用雕花加以点缀。这样既提高了凉菜的档次，增加了凉菜的色彩，又给客人增添了乐趣。

3. 食品雕刻在热菜中的运用

食品雕刻运用于热菜中，不仅可以为热菜增辉添色，提高档次，而且可以改变菜肴的名称。如“盐水大虾”“炸大虾”，成菜上席只能报此名，但若配上食雕“宝塔”，不仅令人愉悦，而且菜名也可以变得更加生动有趣了，比如可命名为“群虾戏宝塔”，将虾按不同的姿态，用牙签合理地装在宝塔周围，虾便显得鲜活起来；再如鳗鱼，如果无食雕搭配，成菜名一般是“清蒸鳗鱼”或“红烧鳗鱼”等，总离不开“鳗鱼”二字，若配上果蔬食雕凤凰头以及用黄瓜、茄子和樱桃等改刀做成的凤尾，再将做好的清蒸或红烧的盘龙鳗放在盘中，那么，此菜肴就变成了“龙凤呈祥”了。若用于婚宴喜庆宴席更适宜。还有“仙鹤戏活鱼”“明火原壳海螺”等，都是以果蔬雕刻“仙鹤”“海螺”配之。又如用番瓜雕刻的“南瓜鸡”，用冬瓜雕刻的“龙舟”等，精雕细刻，既供观赏，又是盛器，还可食用，并能增加菜肴的风味。像这样的每一道菜肴，都能令客人赞叹。

4. 食品雕刻在水果盘中的运用

宴席一般要上一道水果盘，食雕在水果盘中的使用可分为两类：一是为水果盘作点缀，只供观赏，使水果盘增加情趣；二是食用、观赏、盛器三位一体，如西瓜盅、西瓜和哈密瓜花篮、瓜盘等，都很受客人欢迎。

5. 食品雕刻在面点中的运用

宴席一般要上一道或两道面点。除了面点本身的花色、品种、造型外，再配以食雕，将会更加增色。如“草原玉兔”，菜品装盘后，可在其间放一只雕刻的小玉兔，则食用观赏齐备。即便是普通面点，如能精心地点缀上一朵雕刻得形美色艳的花朵，也会使人食欲大增。

6. 只供观赏的食品雕刻展台

一般用花坛、花篮、天女散花及与宴席内容相关的果蔬食雕为主题。为更加突出主题，还可在花坛上增加食雕文字。食雕展台一般用于大型隆重的会议宴席，如庆功、表彰、欢迎、欢送等，以示祝贺，有时它还能增加整个会议和宴席的气氛。

二、食品雕刻的常见分类

（一）按照雕刻的方法分类

食品雕刻可以分为圆雕和浮雕两大类，圆雕有整雕和零雕整装之分，浮雕则分为凸雕、凹雕和镂空雕。

1. 圆雕

所谓圆雕，是指雕刻的立体不仅局限于一个面，而是360°全方位都要照顾到的立体雕像。

（1）整雕

整雕就是用一整块原料雕刻而成。它的造型是立体的，从各个角度都可以观赏雕刻作品形象。所以难度最大，它富于表现力，常用于小型看台和看盘的制作。

（2）零雕整装

零雕整装适用于大型展台，它是用各种不同色的和同色的原料，雕刻成造型的各个部分，再集中组装粘接成一个完整的雕刻品，色彩鲜艳、外形壮观。

2. 浮雕

所谓浮雕，就是在一个平面内，雕刻出凹凸起伏的立体雕像。

（1）凹雕

凹雕又称阴雕，凹雕是在原料表面用凹陷的线条来表现图案，接近于绘画描线，这种雕法较简单，容易掌握，适用刻一些复杂的图案。

（2）凸雕

凸雕又称阳雕，凸雕是将图案的线条留在原料表面，刮或铲低空白处，显出层次，较难，适用于简单的规整的图案，适用于冬瓜盅和瓜灯等制作。

（3）镂空雕

镂空雕工艺难度很高。镂空技法使得果蔬雕刻的各个部分的花纹连通，面面相接，不但增强了果蔬雕刻作品的立体性，还能使果蔬雕刻作品更显玲珑剔透，富有层次感。

（二）按照造型的不同分类

食品雕刻可以分为花鸟鱼虫类、祥兽人物类、景观器物类、瓜盅瓜灯类等。

三、食品雕刻的一般原则

（一）了解宴会的主题要求

宴会的形式多种多样，简单地可分为祝寿宴、庆功宴、聚会宴、家宴，国际交往中的“国宴”，以及贸易往来的工作宴及大型酒会，等等。

为了避免雕刻作品的杂乱无章，在雕刻前应首先确定主题，构思出所要雕刻的作品的结构、比例（布局）等问题，确保主题突出，同时又要考虑到一些附加果蔬雕刻作品的陪衬作用。

（二）了解宾客的风俗习惯

随着改革开放的深入进行，我国的对外交往越来越多，这就需要我们更多地了解不同国家和地区人民的生活习惯、风土人情、宗教信仰、个人喜好及忌讳等，以便因客而异，雕刻出宾客喜爱的作品。

（三）精选原料与因材施艺

选料对食品雕刻作品的成败是至关重要的，在选料时，不但要选择质优色美的原料，而且还要在原料的形体方面加以考虑，一般讲原料的形状与作品形象大体形态相近似，雕刻起来就比较顺利。另外，对一些形状奇特的雕刻原料，应充分发挥作者的想象能力，开阔视野，因材施艺，以便物尽其用，创作出新奇别致的艺术作品。

（四）注意清洁和卫生要求

由于食品雕刻一般与菜肴搭配，同时，又是宴会上菜前的“先行官”，因此，搞好食品雕刻的清洁卫生措施显得特别重要，这就要求我们首先要保持原料的清洁卫生、质地优良。不要使用变质或腐烂的原料，从而保证宴会的质量和客人的健康。

四、食品雕刻的常见材料

食品雕刻的常见材料主要为根茎类原料和瓜果类原料等，主要选用颜色正、体积大、质地实的品种。

（一）根茎类原料

常见的根茎类原料有红薯、土豆、白萝卜、青萝卜、胡萝卜、莴苣、茭白、心里美萝卜等。

（二）瓜果类原料

常见的瓜果类原料有南瓜、冬瓜、西瓜、甜瓜、哈密瓜、黄瓜等。

五、食品雕刻的专用工具

（一）常用刀具的种类

食品雕刻的刀具除专业生产的套式刀具，也有雕刻师根据经验和制作难度，自行设计制作的刀具。但必须轻便合手，简便实用，下面就几种较实用刀具的形状及应用做一些介绍。

1. 平口刀

平口刀在雕刻过程中的用途最为普遍，是不可缺少的工具，刀刃平直锋利，刀背略呈弓形，刀把以圆形木质为好，圆形把易于掌握、转动，木质把可防止因手出汗而产生的滑脱。平口刀有大、中、小三种型号。

（1）大号平口刀

刀刃长约 200 毫米，宽约 30 毫米，刀刃基本是直的，主要用途为切、片、削等。可用于切出原料的大形，切制有规则的几何形体或切平雕刻作品底座等。

（2）中号平口刀

刀身约 150 毫米，刀刃长 65 毫米，前窄后宽，最宽处 15 毫米，刀背略弓。此刀主要用于雕刻花卉及鸟、兽、鱼、虫的主体轮廓等。

（3）小号平口刀

刀形细长，刀刃长约 65 毫米，宽 5 毫米。使用灵巧，主要是用来刻制小型花瓣、花蕊以及雕品的细微之处。

2. 斜口刀

斜口刀又称尖口刀，刀刃倾斜一定角度，刀口呈尖形，因刀口斜度的不同分为大号和小号斜口刀。斜口刀多用于绘制图案、线条之用。

3. 戳刀

戳刀的种类比较多，达数十种，其中比较常见的有 U 形刀、V 形刀、O 形刀、W 形刀及勺形刀等。它是根据不同的雕刻品种来进行选择的。戳刀在雕刻中用途最为广泛，主要适用于雕刻花卉的花朵、花瓣、花蕊及鸟类的羽毛、翅膀、尾部等。

4. 模型刀

模型刀是根据各种动植物的形象，用薄铁片或铜片制成各种形状的模型，用它按压原料加工成型，然后切片使用，模型刀种类很多，一般有梅花、桃子、葡萄叶、蝴蝶、鸽子、小鸟、兔、鹿、松鼠、喜字等。

此外，其他刀具还包括刮皮刀、剪刀、镊子等，每一种刀具都具有其独特的性能和用途，应根据需要合理选用，以期达到良好的效果。

（二）刀具的磨制与保养

1. 刀具的磨制

从商店里买来的雕刻刀，其刀刃部分多是用机器打出的一个斜面，并不方便使用，需要自己将刀刃的斜面打成平面才行。雕刻刀的刀背部分要薄厚适宜，略有韧性。刀背过厚，雕刻的时候阻力大，滞刀，手感不好；刀背太薄，韧性过大，刀身软，切面不平。而大号平口刀的刀背则宜厚些，因为它更能保持切面的平整，特别是需要将两块原料粘接在一起的时候，切面的平整度就显得很重要了。

刀具的磨制是指把刀具放在磨石上面打磨至锋利。

（1）磨制准备

磨制之前，应准备两块磨石，一块是颗粒适中、硬度较高的磨石，主要用于粗磨，比如将较厚的刀刃磨薄，将较长的刀尖磨短等；另一块是细的油石，主要用于细磨，即将刀刃磨锋利，磨光滑。

（2）磨制方法

磨制的时候，刀刃要与磨石保持一个固定不变的小角度，做前后往返运动（边运动边淋水），一只手握刀柄，另一只手按住刀刃，力量要适中，要使刀刃受力均匀。新买的刀，因其形状和厚薄不理想，需要先用粗磨石去磨薄、磨平、磨短，再用细磨石去磨光、磨锋利；而使用中的雕刻刀，只需经常用细磨石磨一磨就可以了。

戳刀（U 形、V 形）的磨制方法：先将刀反扣在桌子角上（起固定作用），用平板锉向外将刀刃磨尖磨薄，然后再用细磨石横向将刀刃磨光滑。

（3）磨制鉴定

很多朋友会问，刀刃要磨到什么程度才算锋利呢？这的确是一个问题，但有两种方法，一是“试”，二是“看”。“试”就是用磨过的刀切削原料，如果感觉切削过程很省力很顺畅，那么说明刀已磨好了；“看”的方法简单实用，具体方法是：

将平口刀举至与鼻子平齐的位置（刀尖垂直向上），刀与鼻子的距离约 20 厘米，刀刃正对着鼻子，双眼直视刀刃，因人的两眼之间有一段距离，所以可以看到刀刃左右的两个侧面，这时把注意力集中在两个侧面的结合处，如果看到的是极细极整齐的交界线，那就表明刀已磨好了，如果交界处有明显的白茬（俗称起白线了），则表明刀还没有磨好。

总之，刀具要经常磨，以使刀口锋利，刀面光滑而不致生锈。

2. 刀具的保养

刀具在使用后要随时用干布擦净，以防生锈。各种刀具应分类保管，配上专用工具袋，不要混放在一起，这样可以避免相互碰坏刀口，取用也方便。

六、食品雕刻的常用手法

（一）常用刀具的执刀方法

在雕刻作品时，操作者手执刀具的姿势很重要，只有掌握好正确的执刀方法才能灵活应用。常用的有纵握法、横握法、执笔法、插刀法等。

1. 纵握法

纵握刀法是把刀纵向握在手中，用刀时，可左右、前后用刀，在原料上做划、挑、削、挖的操作。

2. 横握法

横握刀法是指用刀时，刀刃向上，竖起的大拇指与刀刃平行，其余四指握住刀把，大拇指贴于刀刃侧面，在原料上做削和旋的操作。

3. 执笔法

执笔法是用握钢笔的姿势握住刀，运刀平稳，适用于精细部分的雕刻，在原料上做划、刻、挑的操作。

4. 插刀法

插刀法与执笔法手法大致相同，区别于雕刻时要将中指或无名指按在原料上，以避免出现滑刀或用力过大造成原料损坏及伤手。在原料上做推、戳的操作。

总之，其实以上每种执刀手法有四个要点，分别是：定点、支点、力度、角度。每一步都是关键，必须结合起来运用。先给到大家一句口诀：三指定刀，两指辅助，以虚为实，腕转自如。

（1）定点

要掌握基础执刀手法，先要知道怎么握刀，而握刀的核心在于定点。通过以下步骤，找到适合自己的、舒适的握刀点（姿势）。

① 用握笔的方法握刀，握在刀把最前端的位置。

② 把中指移动到刀面根部与刀把的衔接处。

③ 调整拇指与食指的位置，使握刀三个手指的指尖位置，与等边三角形三个顶点的位置关系一致。

（2）支点

食品雕刻用刀过程中，不握刀的无名指和小指则作为支点使用，以食指为主，小指自然放松即可。在雕刻中支点是必不可少的，有了支点的辅助作用，才能轻松把握下刀的力度及精准度。这其实有点类似圆规的感觉，无名指和小指就像圆规的固定端，刀尖就像圆规的笔头端。

（3）力度

把握好握刀的力度，刀一定是要虚握的，握刀的力度，只要刚好足够拿住刀即可，无须太过于用力。雕刻过程中，握刀三个手指的指关节是不停地在变换力度的，如果用力握刀的话，各个手指都变得僵硬，几乎无法正常用刀，甚至作为支点的无名指和小指也会受到影响。

（4）角度

基础执刀手法，要用到手部每一处关节，当然也包括手腕。握刀时，手掌手指与刀成为一体，它们整体的运动，需要手腕配合。雕刻过程中需要不断变化走刀、下刀角度，因此手腕要百分百放松，最好能达到一个刀与手腕相互融合的状态，刀动则腕动。

（二）食品雕刻的基本刀法

食品雕刻是一门独特的艺术，它有一套独特的刀法，在进行雕刻时需要轮番使用许多刀具，下面就如何应用其刀法做介绍。

1. 切

切主要用于大块原料定形，修平原料表面和分割原料，在雕刻中切是一种辅助刀法。

2. 削

削没有固定的运刀方法，上下左右都可以，用刀方法有推和拉两种削法，一般常用的是推刀削，对韧性大或易碎易损的原料要使用拉刀削。

3. 划

划是在雕刻原料上以刀代笔进行图案勾划，也是指在雕刻原料上，划出所构思的大体形态、线条，具有一定的深度，然后再刻的一种刀法。

4. 刻

刻是雕刻中的主要技法，运刀方向灵活多变，刻的刀法是雕刻中最常用的刀法，它始终贯穿雕刻过程中。

5. 戳

戳分为直戳与推戳，直戳是刀口直线戳入，推戳是刀斜度较大的戳入，然后推进的方法。戳多用于雕刻花卉和鸟类的羽毛、翅、尾，以及奇石异景、建筑等作品，它是由特制的刀具所完成的一种刀法。

6. 旋

旋多用于各种花卉的刻制，它能使作品圆滑、规则，同时又分为内旋和外旋两种方法。外旋适合于由外层向里层刻制的花卉，如月季、玫瑰等；内旋适合于由里向外刻制的花卉或两种刀法交替使用的花卉，如马蹄莲、牡丹花等。

7. 修

修是指把雕刻的作品表面“修圆”，即达到表面光滑、整齐的一种状态。

8. 抠

抠是指使用各种插刀在雕刻作品的特定位置时，抠除多余的部分。

9. 镂空

镂空的刀法是指雕刻作品时达到一定的深度或透空时所使用的一种刀法。

七、食品雕刻的主要操作步骤

食品雕刻比较复杂，必须有步骤地进行，有条不紊地操作，才能雕刻出形态优美、符合要求的作品来。通常分为以下步骤。

（一）命题

命题即雕刻所选择的内容题材。确定雕刻作品的寓意，要与宴会气氛内容相符合。在装饰雕刻品时要注意宾客的习俗、爱好，才能发挥更好的创新题材。

命题就是确定雕刻作品的题目。给所雕之物起个名字，这是雕刻中首先要做的一步，为使命题恰当，做到名物相符，应注意以下几点：第一，要根据雕品的用途。第二，确定富有意义和艺术性的题目。第三，要结合季节进行命题，特别是花卉雕件，其命题不可违背时令，才能以假乱真。

（二）构思

构思是根据命题酝酿整体布局。如主题雕刻作品与陪衬部分的分布比例，原料色彩的应用搭配都要做到心中有数，有的要绘出草图，通过图示制作出完善的雕刻作品。对于雕刻作品的整个布局，要全面设计安排好。首先要安排主体部分，再安排陪衬部分；陪衬部分应烘托主体部分，不能喧宾夺主，也不能主次不分。

（三）雕刻

雕刻是实现雕刻作品设计要求的决定性一步。雕刻的方法很多，因雕刻作品的不同类型和不同内容而异。有的要从里向外刻，如大丽花、睡莲；有的要从外向里刻，如月季花、菊花、牡丹花；有的要先刻头部，如各种鸟；有的要先刻尾部，如蝈蝈。

八、食品雕刻作品的保管

食品雕刻作品中都含有较多的水分和某些不稳定元素，如保管不当，很容易变形、变色或损坏。雕刻作品艺术性强且费工费时，必须加以珍惜，妥为保管，以尽量延长使用时间。

对雕刻作品的保管，通常有以下几种方法。

（一）矾水浸泡法

把脆性的雕刻作品放在 1%的白矾水中浸泡，能使之较久地保持质地新鲜和色彩鲜艳。如果只放在清水中浸泡，雕刻作品很容易起毛，并出现变质、褪色等现象，在浸泡时如果发现白矾水发浑，应及时换新矾水浸泡。

（二）低温保管法

把雕刻作品放入盆内加上冷水（以淹没雕刻作品为宜），然后放入冰箱内。温度宜保持在 3℃左右，这样可以保持较长的时间。在低温保管下能用 1~2 次，如连续用几次就会褪色变形。

（三）湿布（或湿纸巾）包裹法

上述两种方法比较简单实用，但雕刻作品长时间浸泡后容易褪色、裂纹或充水过多而变形，更不宜保存着色的雕刻作品，采取包裹法可避免上述缺点。具体的方法是：将雕刻作品用挤净水的湿布（或湿纸巾）包严，然后在外层用保鲜膜包严，或用保鲜膜直接包严放入温度 3℃左右的冰箱中保存。

第二篇

食品雕刻实例

一、植物类

（一）花类

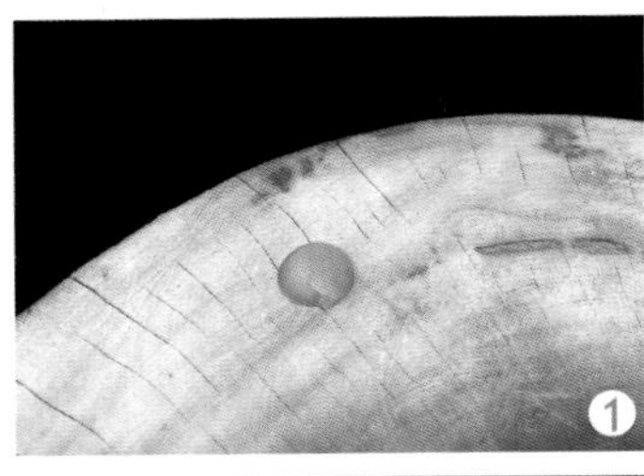

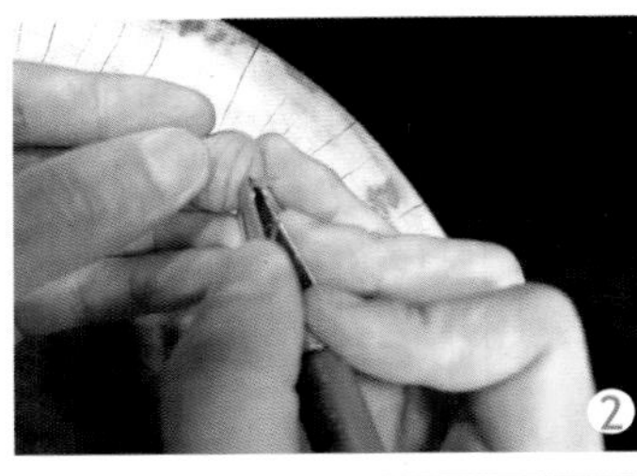

淡淡雏菊

1. 花蕊。将胡萝卜切厚片（图 1），用三角拉刀拉出十字交叉形（图 2），形成花蕊（图 3）。

2. 花瓣。取一段白萝卜，用圆拉刀拉出单个花瓣（图 4）；用食用胶逐圈围着花蕊粘起（图 5、图 6），形成一朵雏菊（图 7）。

3. 组合。将雏菊安放在小琵琶的底部，缀上花叶（图 8）。

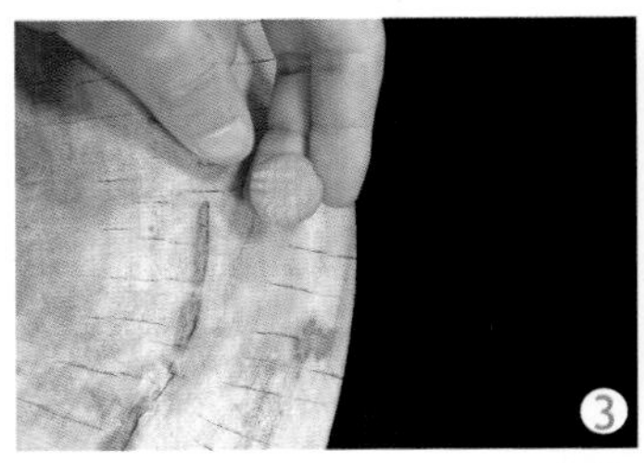

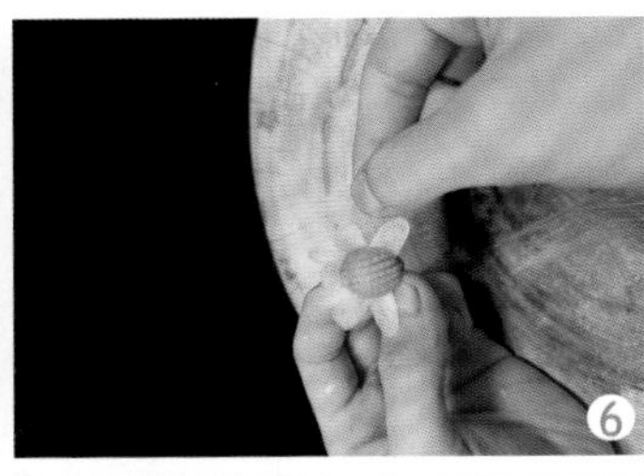

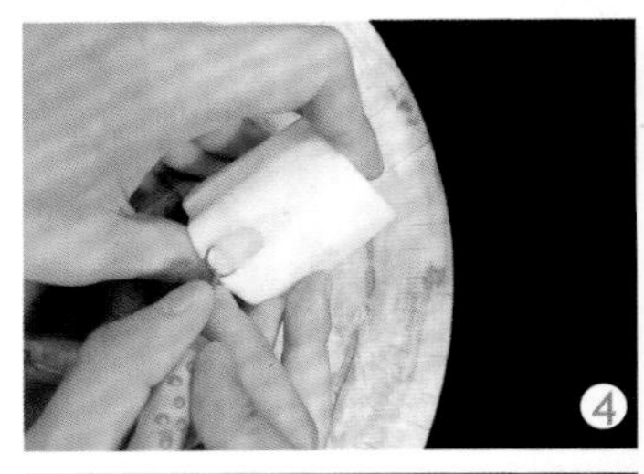

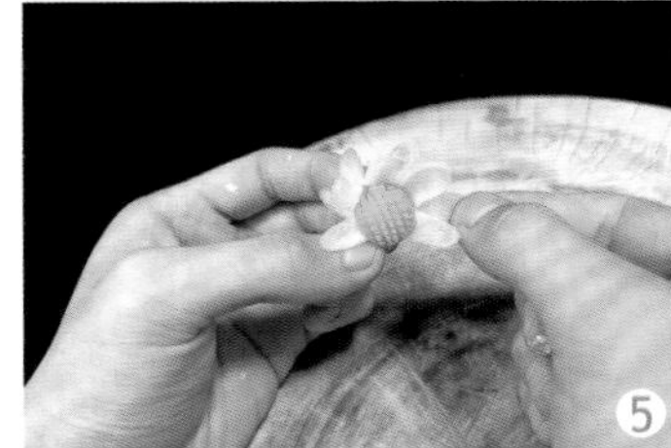

荷花小景

1. 花瓣。将白萝卜切成厚长方片（图 1、图 2），用雕刻刀刻出荷花花瓣的形状（图 3），削出一片花瓣（图 4），修出花瓣的整体弧度（图 5），再用拉刀拉出花瓣的凹凸（图 6、图 7）。

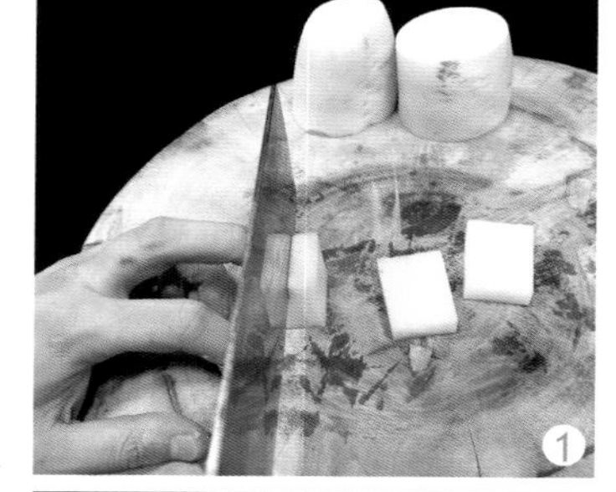

2. 莲蓬。取一段青萝卜，修成上大下小的锥形块（图 8），用槽刀旋出莲子的形状（图 9），形成莲蓬状（图 10）。

3. 组合。将莲穗和荷花花瓣用食用胶粘在莲蓬的周围（图 11 ~ 图 13），缀以小桥、荷叶（图 14）。

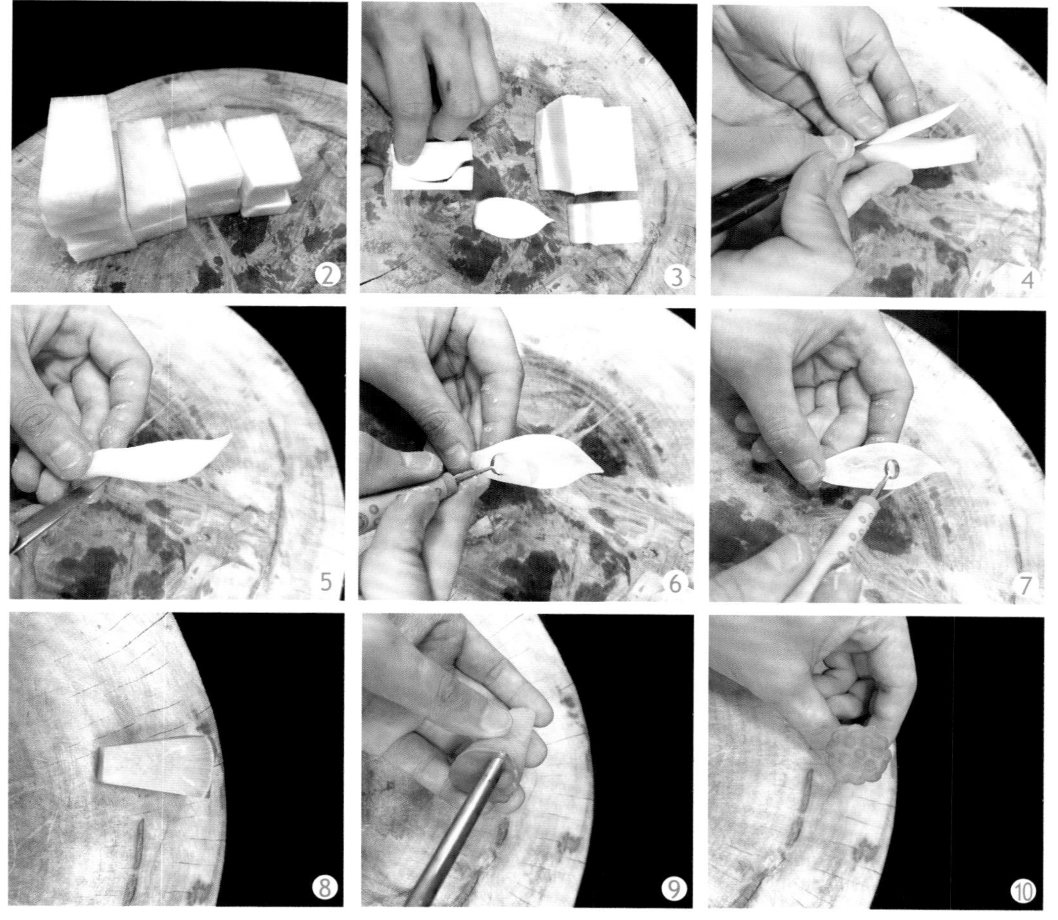

11
12
13
14

菊花初绽

1. 花瓣。将心里美萝卜切成块，用拉刀拉出长短不一的菊花瓣（图 1、图 2）。

2. 花蕊。取一段节瓜，修成一端粗一端细的圆台形（图 3），再修出花蕊的底部环（图 4），继续修出花蕊的柱头（图 5），用槽刀刻出花蕊瓣。

3. 组合。将长短不一的菊花瓣用食用胶逐圈围着花蕊粘起（图 6、图 7），形成一朵盛开的菊花（图 8、图 9）。最后将菊花安放在事先刻好的小扇屏的底部，缀上花叶（图 10）。

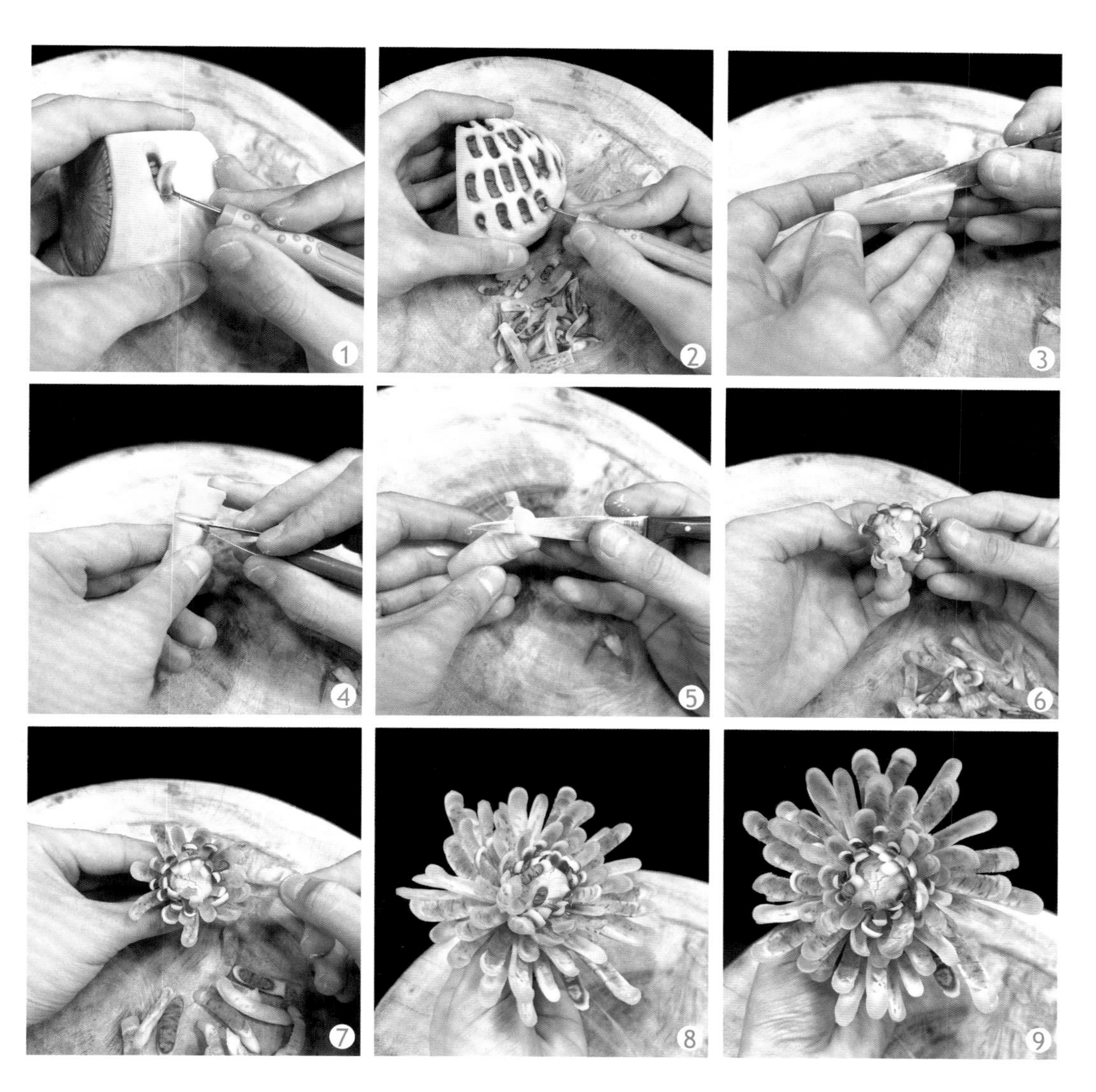

10

马蹄莲花

1. 花瓣。将白萝卜修成圆锥体（图 1），在顶部切出一个斜面（图 2），用槽刀旋出一个凹槽（图 3、图 4），再用雕刻刀沿着凹槽口挖深扩大（图 5）；同时用槽刀斜面边沿修成明显的槽沟（图 6），再用雕刻刀修去多余的部分（图 7），形成一朵完整的花瓣（图 8）。

2. 花蕊。取一片胡萝卜，用雕刻刀刻出花蕊柱头的大致形状（图 9），修成花蕊柱头（图 10）。

3. 组合。将花蕊柱头插入花瓣深处，形成一朵完整的马蹄莲花（图 11）；最后将几朵马蹄莲花摆在盘中，配上青萝卜刻成的花茎，以及胡萝卜刻成的蝴蝶结（图 12）。

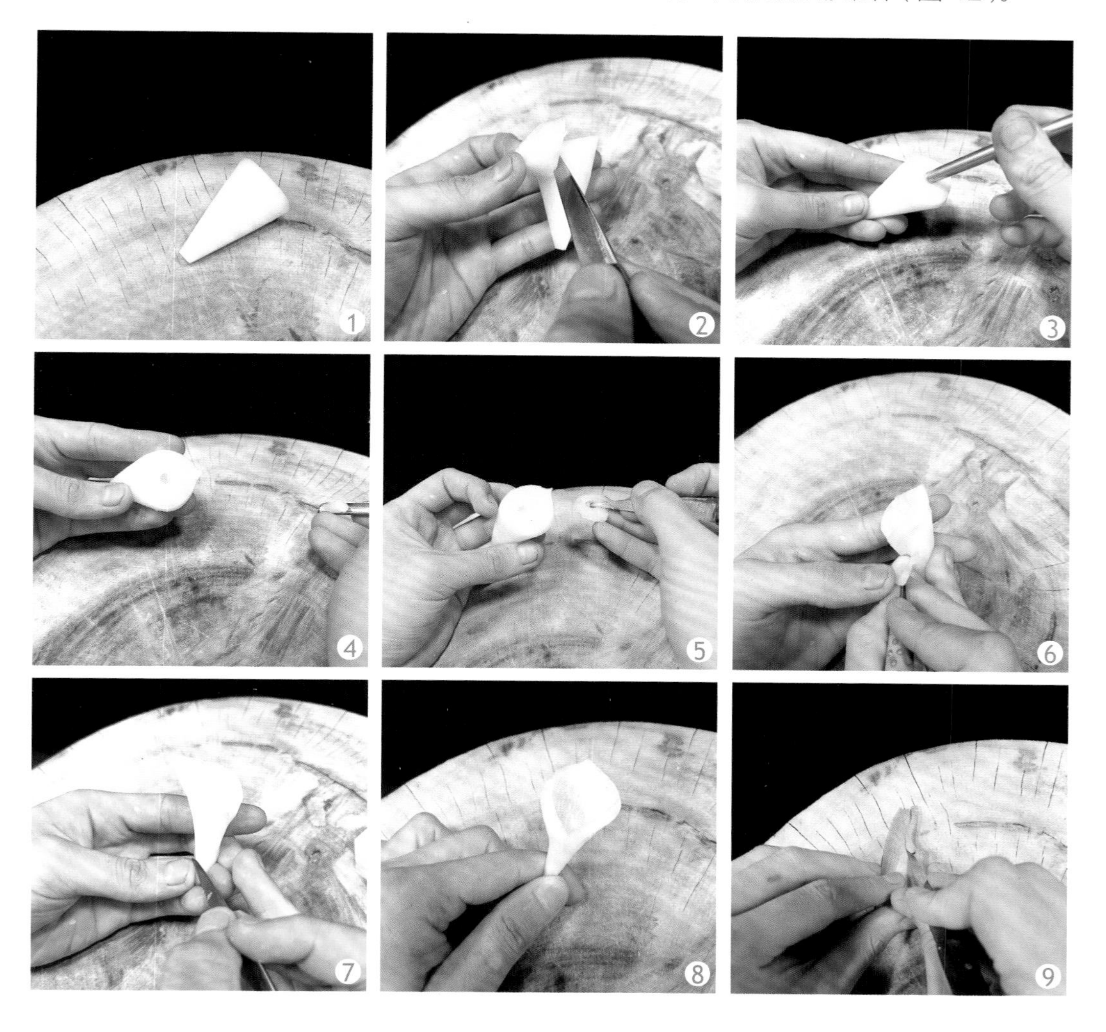

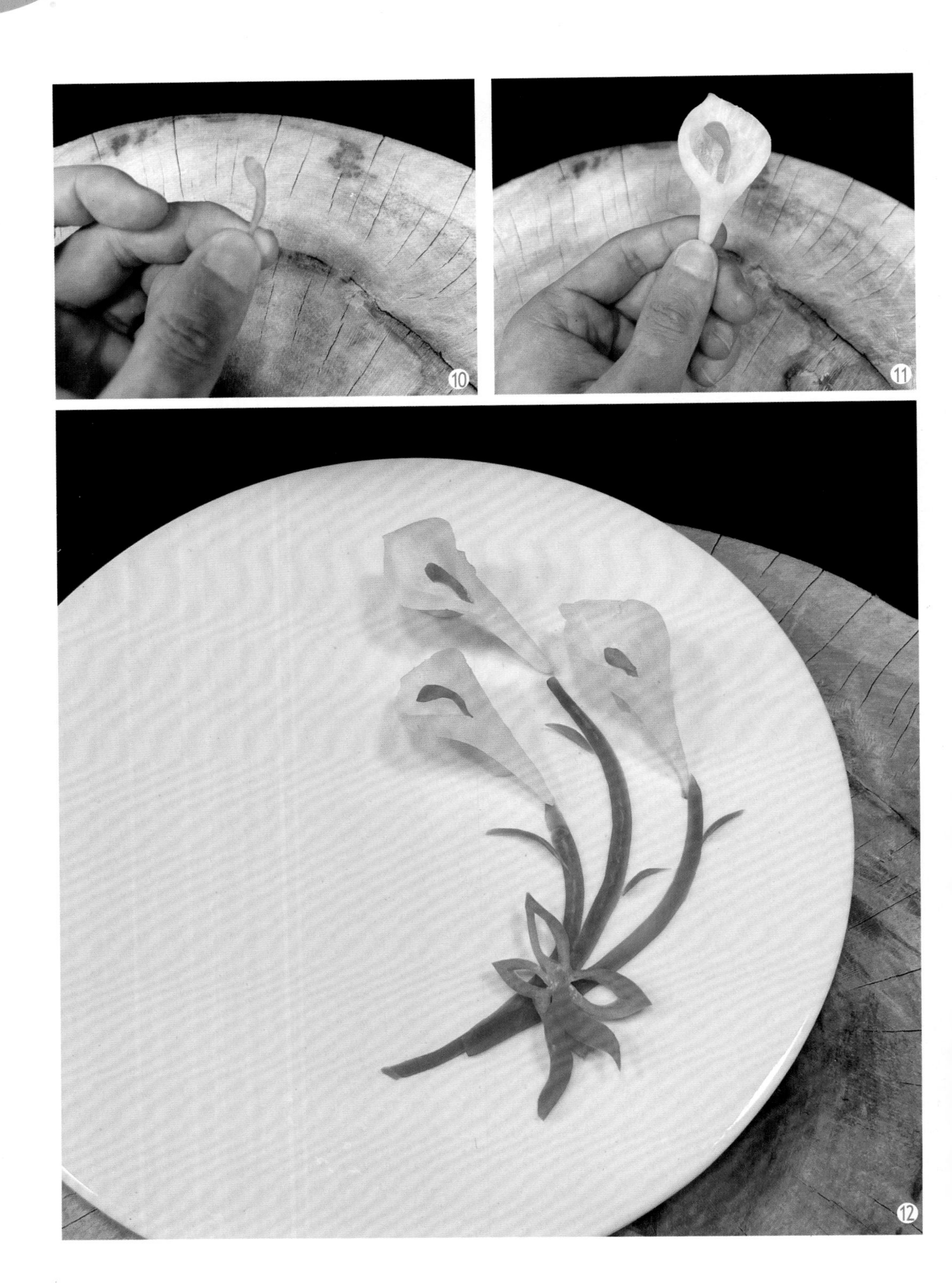

玫瑰花季

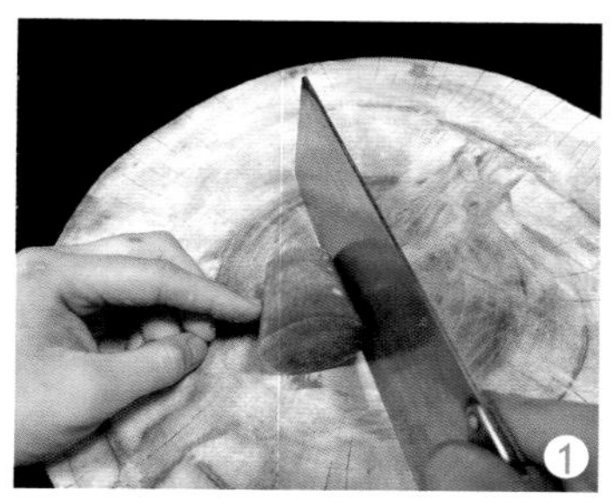

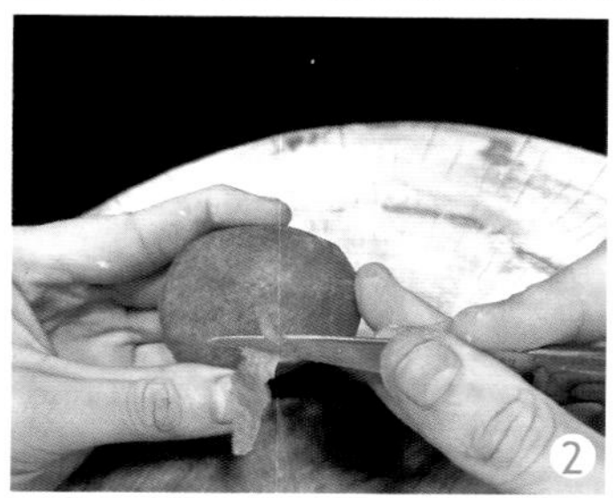

1. 整雕。将心里美萝卜修成圆台形（图 1），再将细的一端修圆（图 2），用槽刀修出花瓣的轮廓（图 3、图 4），用雕刻刀旋出一圈花瓣（图 5），修出第二层多余的部分（图 6），采用错层法修出第二圈、第三圈花瓣，向内呈越来越收缩之势，刻出花蕊（图 7）。

2. 组合。将刻好的玫瑰花摆在盘中，配上青萝卜刻成的花叶片即可（图 8）。

牡丹画轴

1. 整雕。将心里美萝卜修成圆台形（图 1），再将细的一端修成五等份（图 2），用槽刀戳出花瓣的锯齿轮廓，用雕刻刀旋出一圈花瓣（图 3），修出第二层多余的部分（图 4），采用错层法修出第二圈、第三圈花瓣，向内呈越来越收缩之势（图 5、图 6），刻出花蕊（图 7、图 8）。

2. 组合。将刻好的牡丹花安放在白萝卜雕刻的画轴底座上，配上青萝卜刻成的花茎和叶片即可（图 9）。

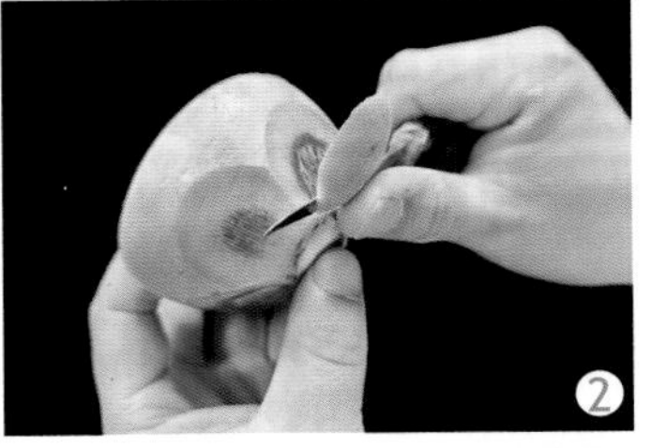

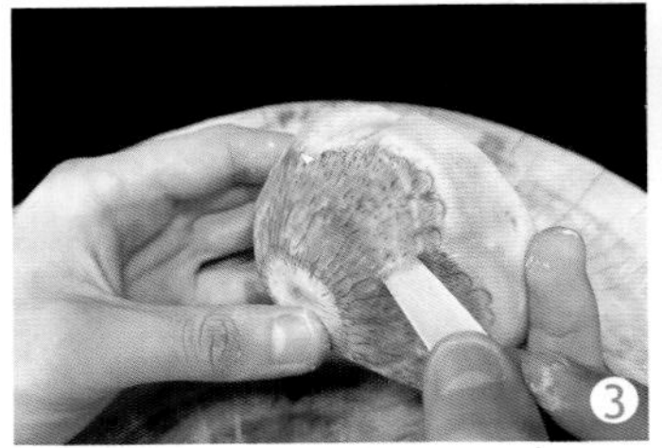

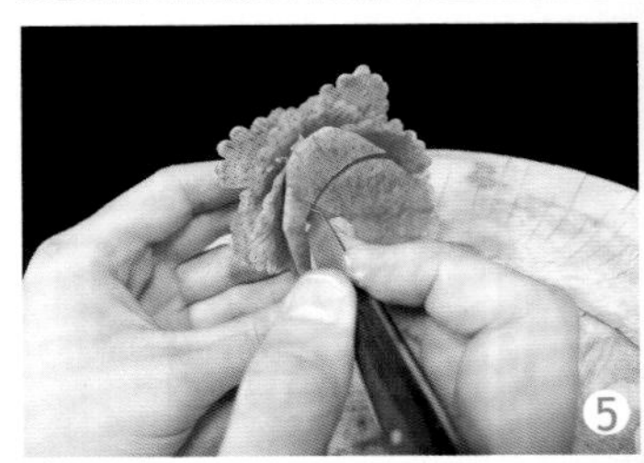

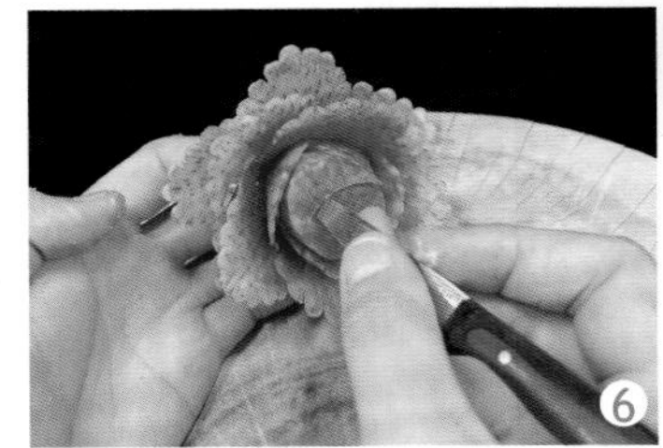

山中茶花

1. 整雕。将青萝卜切出一段圆台形（图 1），用雕刻刀修成五等份（图 2、图 3），用雕刻刀修出第一圈花瓣（图 4），修去多余原料后刻出第二圈花瓣（图 5），同样刻出第三圈花瓣（图 6），和第四圈花瓣（图 7），继续向内心收花蕊（图 8、图 9），形成一朵茶花（图 10）。

2. 组合。在盘子的一侧放上茶花，配上胡萝卜片刻成的花叶即可（图 11）。

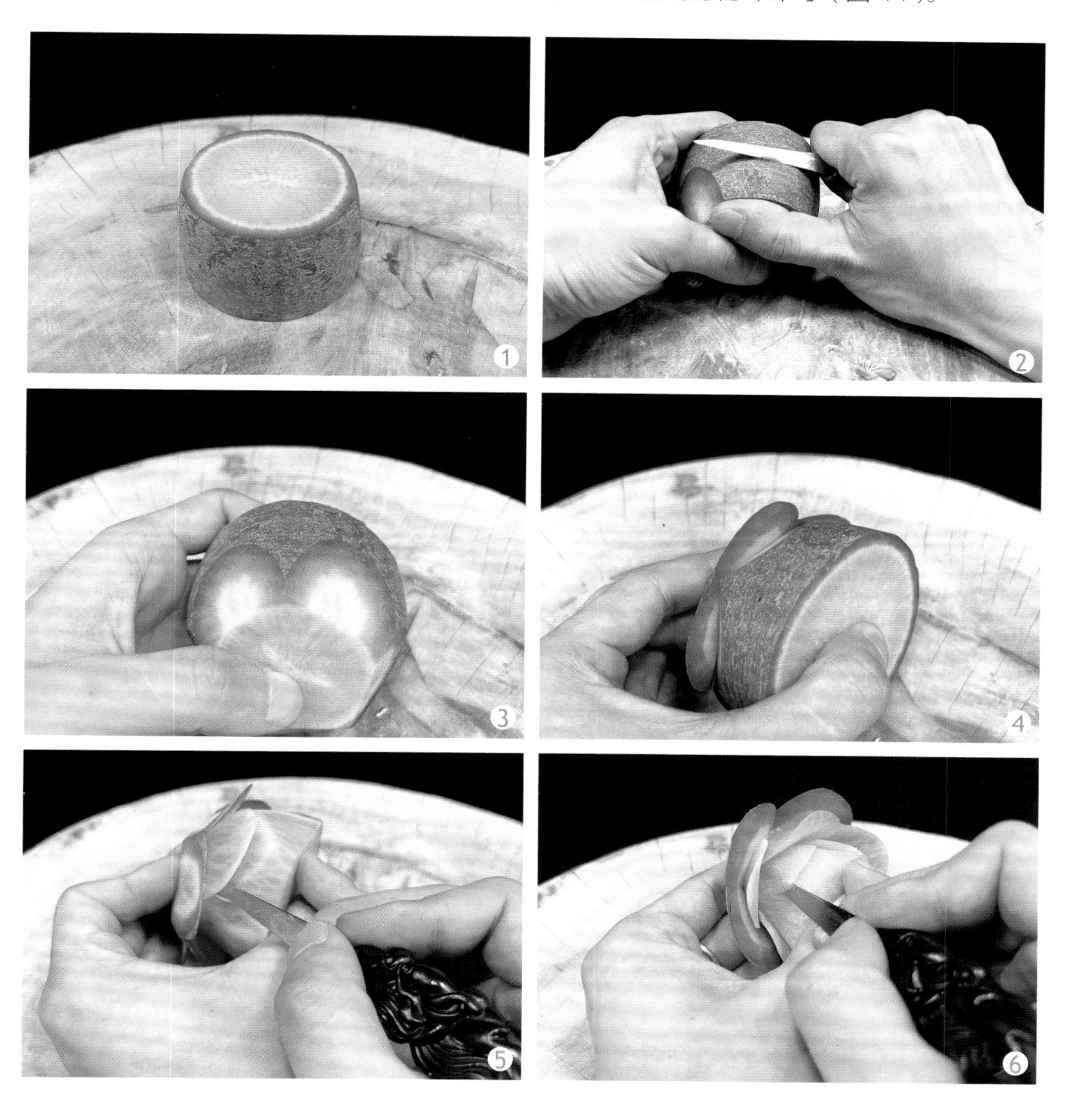

月季花开

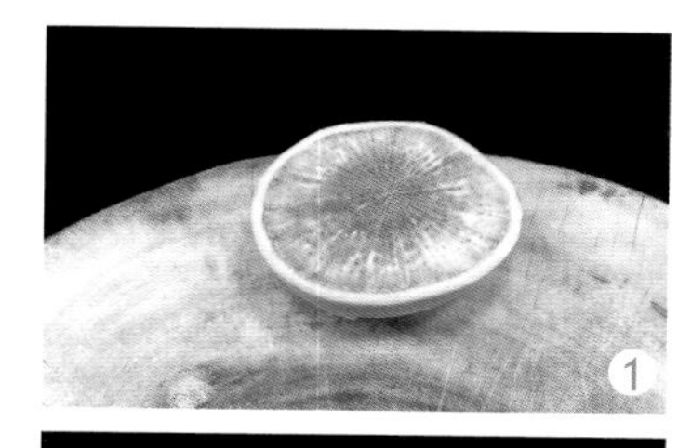

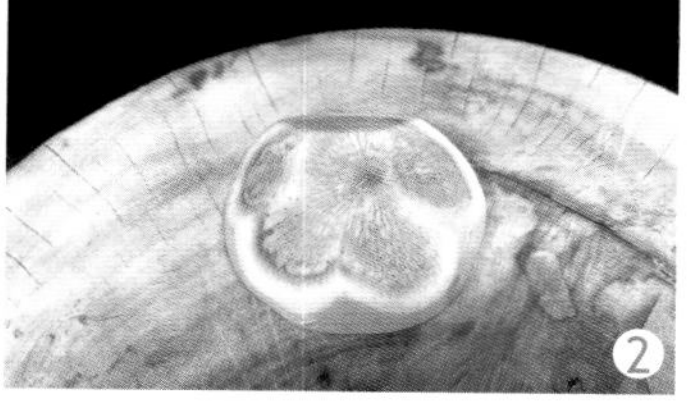

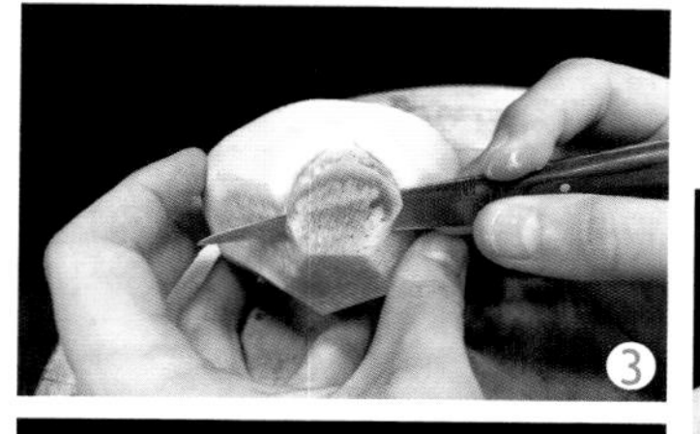

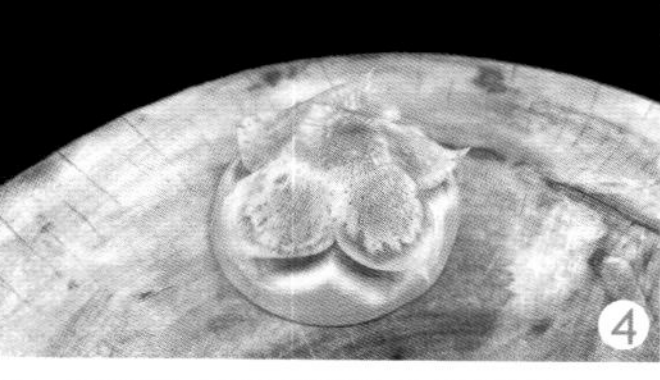

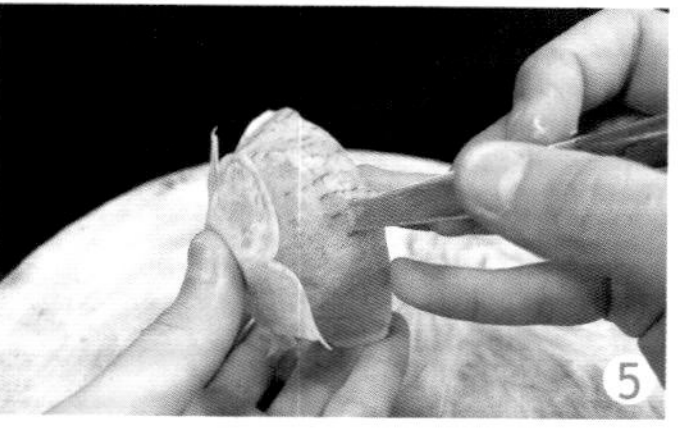

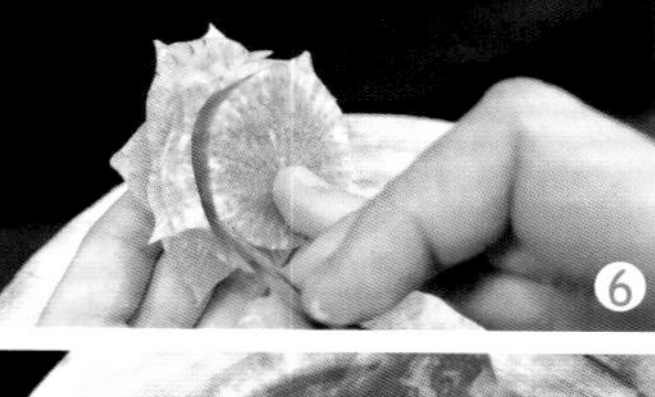

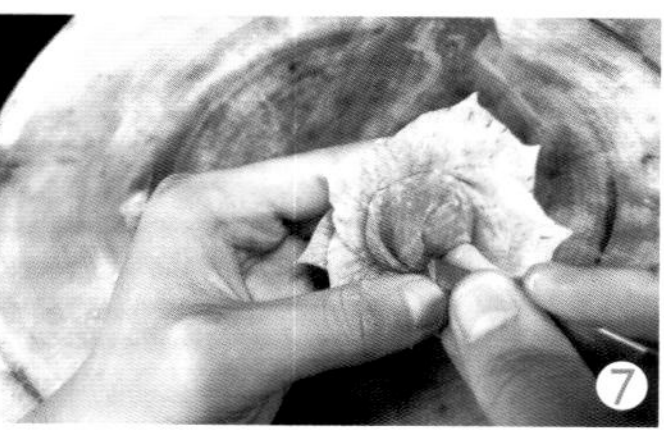

1. 整雕。将心里美萝卜切出一段圆台形（图 1），用雕刻刀修成五等份（图 2、图 3），用雕刻刀修出第一圈花瓣（图 4），注意花瓣的形状特征，修去多余原料后刻出第二圈花瓣（图 5），同样刻出第三圈花瓣（图 6）和第四圈花瓣（图 7），继续向内刻出含苞的花蕊（图 8），形成一朵月季花（图 9）。

2. 组合。将月季花安放在萝卜雕刻的琵琶前部，配上青萝卜皮刻成的花叶和花茎即可（图 10）。

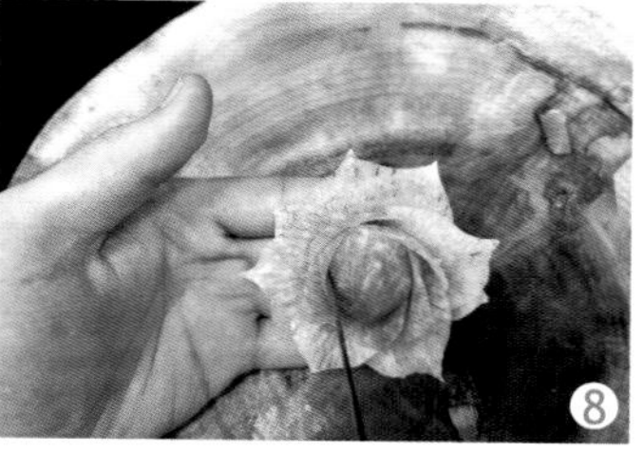

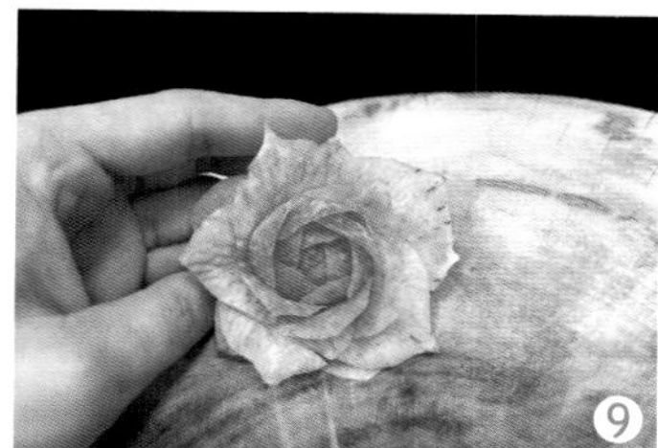

残垣新花

1. 残垣。将白萝卜切成厚片，用黑笔勾勒出轮廓（图 1），刻出残垣的墙线（图 2），再将边缘刻出缺口（图 3）；另切一厚片，画出底座的轮廓并刻出（图 4、图 5），最后将底座和残垣安装到位（图 6）。

2. 雏菊。将胡萝卜切成段，用槽刀在中心旋一个中心（图 7），继续用槽刀刻出花瓣（图 8、图 9），最后将花瓣从胡萝卜段上分离出来（图 10、图 11）。

3. 花藤。在青萝卜的外皮上用黑笔画出花藤的轮廓（图 12），用刀刻出花藤（图 13）。

4. 组合。将雏菊安放在残垣的底部（图 14），缀上花藤（图 15、图 16）。

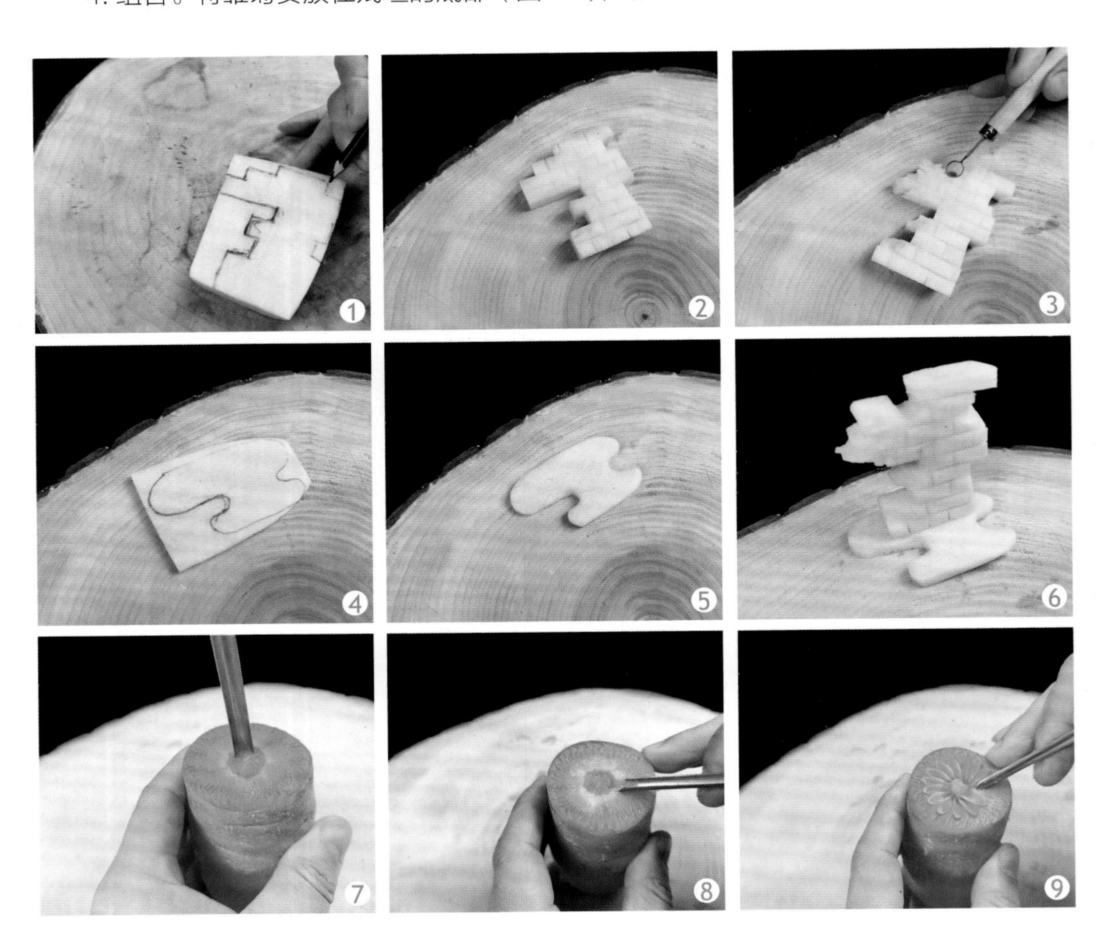

10
11
12
13
14
15
16

富贵牡丹

1. 花。将心里美萝卜切出一半，在底部用雕刻刀修出五等份（图 1），用刀尖刻出花瓣的锯齿状（图 2），然后逐个修出第一层锯齿状花瓣（图 3），修去多余的部分，继续用刀尖刻出花瓣的锯齿状，逐个修出第二层锯齿状花瓣（图 4、图 5），修出多余的部分（图 6），继续修理萝卜呈收势（图 7、图 8），用同样方法刻出第三层花瓣（图 9），再用同样方法刻出第四、五、六层花瓣（图 10 ~图 12），形成一朵牡丹花（图 13）。

2. 藤和叶。在青萝卜的外皮，用雕刻刀刻出树叶的形状（图 14），刻出树叶的纹理

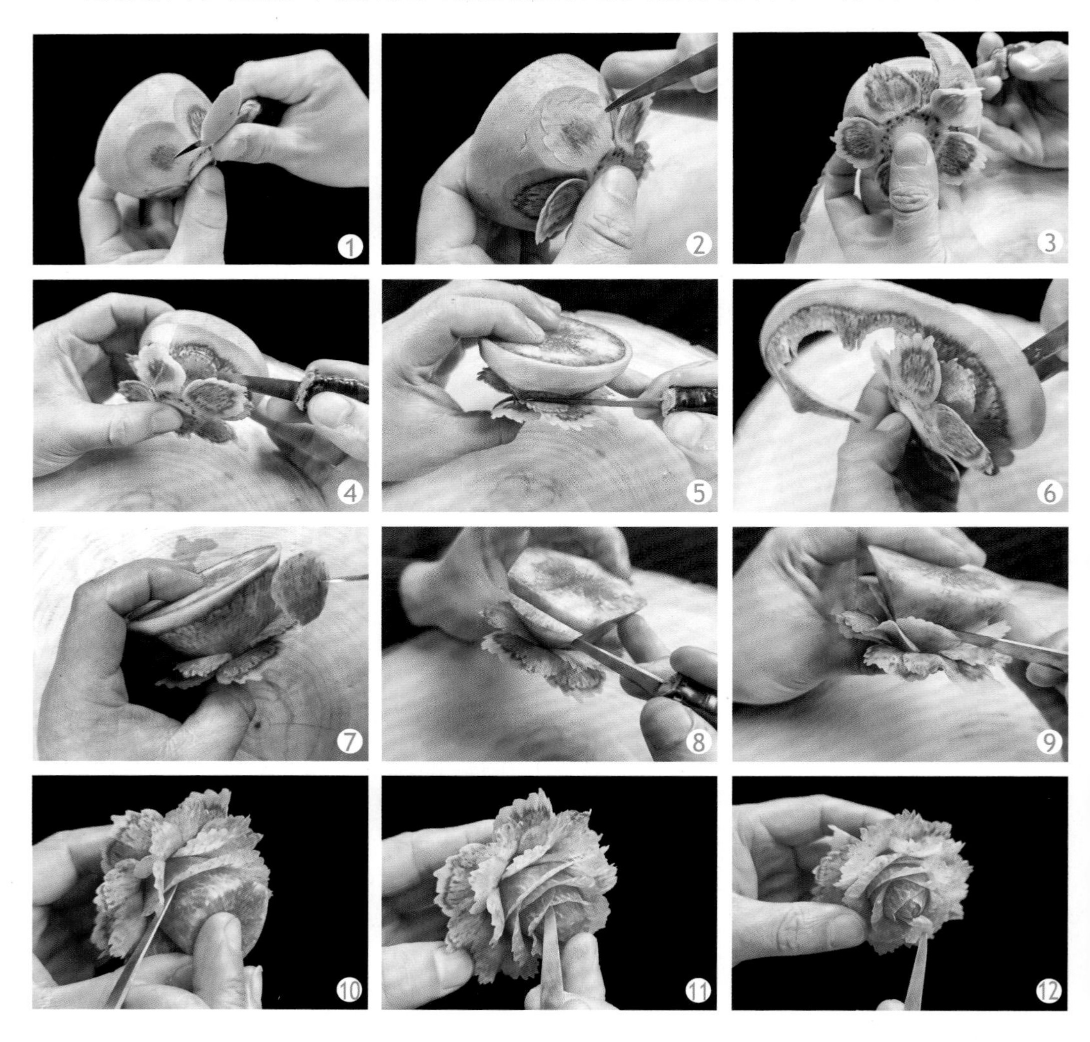

（图 15）；另在青萝卜的外皮，用黑笔画出藤蔓的形状（图 16），刻出藤蔓（图 17）。

3. 组合。在盘子的一角安放上牡丹花，缀上叶子，接上藤蔓（图 18）。

花窗剪影

1. 花框。将芋头切成长方形块，用黑笔画出一个黑框（图 1），用雕刻刀将中间掏空（图 2），将花框切成欧式层次状（图 3）。

2. 花藤。在青萝卜的外皮上用黑笔画出花藤的形状（图 4），用雕刻刀修出花藤（图 5）。

3. 花朵。将白萝卜切成方形厚片，用模具刻出五瓣花朵的形状（图 6、图 7），用厨刀片成薄片花瓣备用；用槽刀在胡萝卜表面挖出小圆片（图 8），然后粘在白色花瓣的中心作花蕊（图 9），最后将花朵边缘沾上红色色素（图 10）。

4. 组合。在花框的背面用三角形萝卜块支撑，表面粘上花朵（图 11），粘上花藤（图 12）。

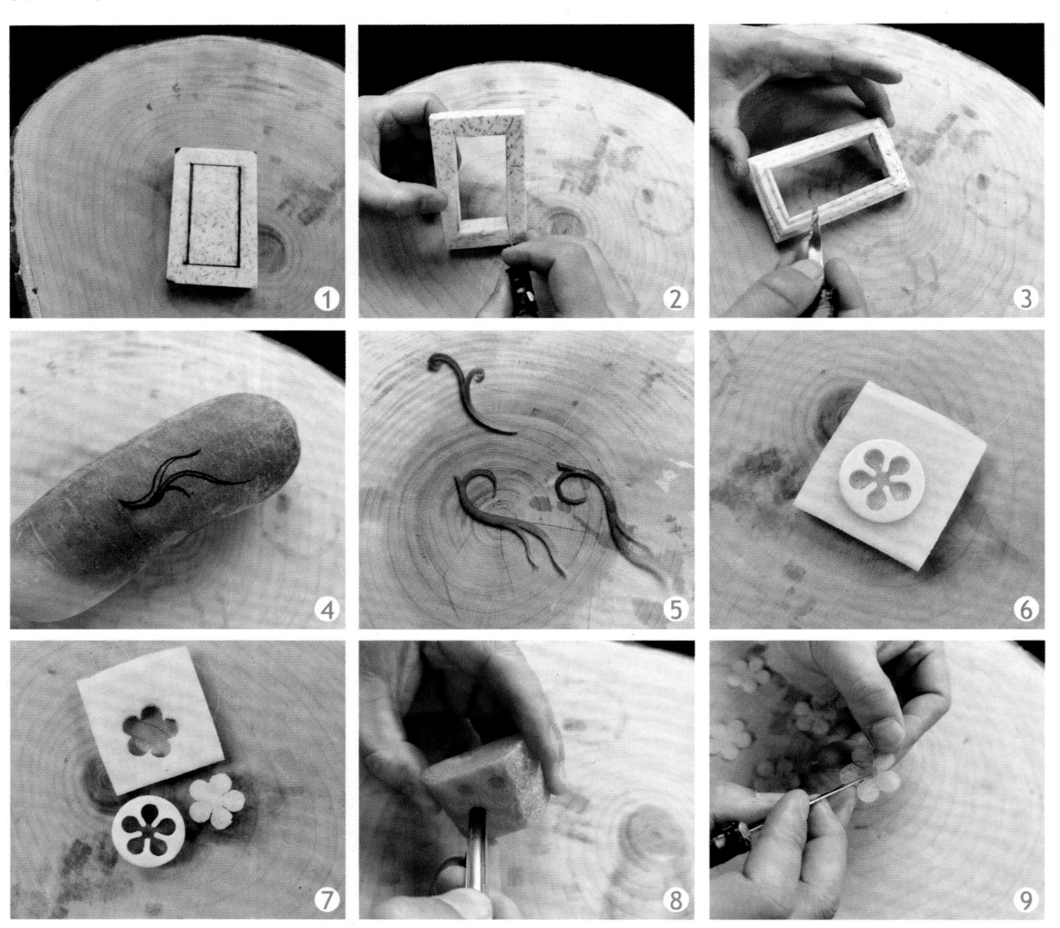

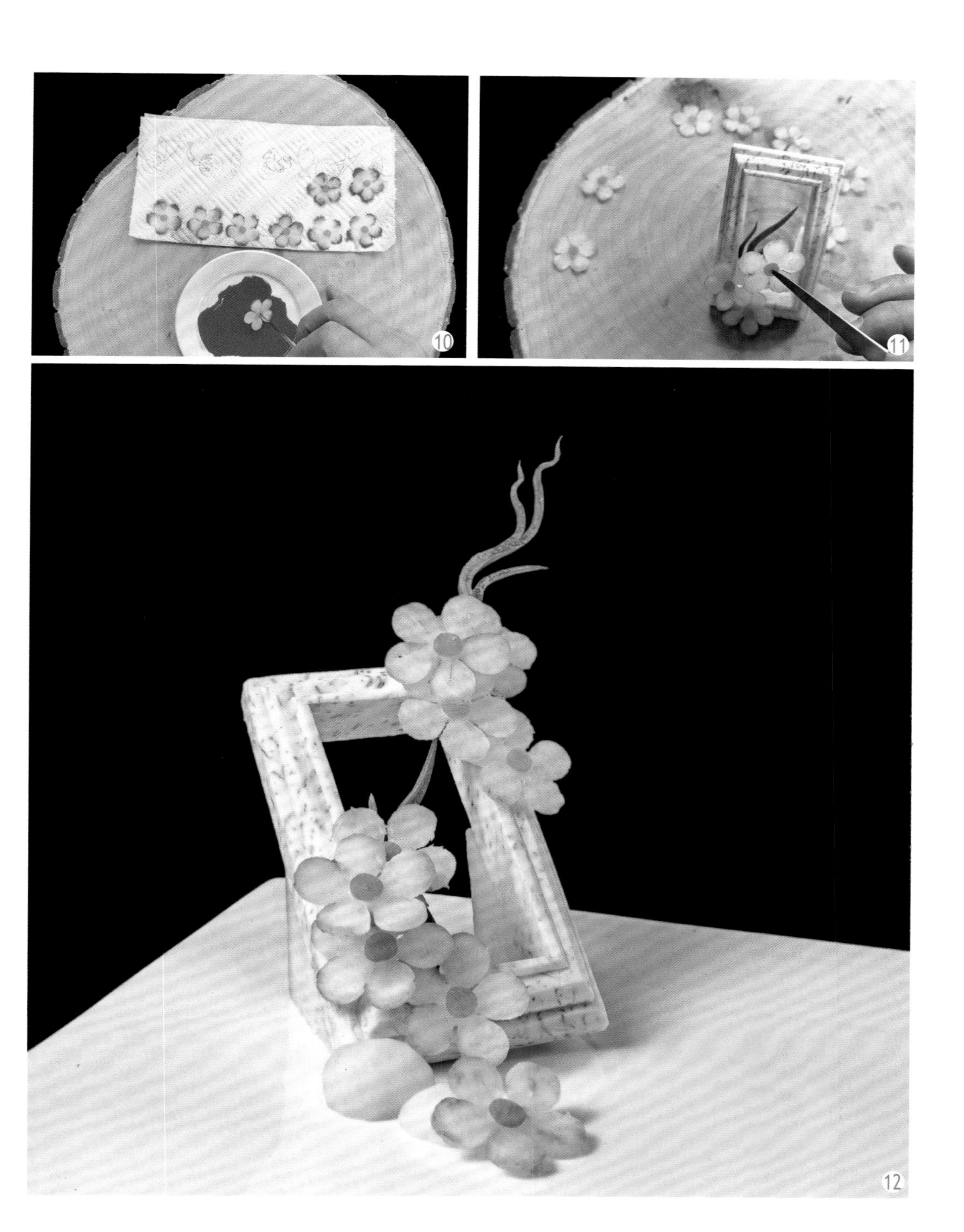

瓶花开放

1. 花瓶。将白萝卜切成长方体，用黑笔画出花瓶的轮廓（图 1），用槽刀修去多余的部分（图 2），继续修整出花瓶的模样（图 3、图 4），另用一块白萝卜修出云状的底片（图 5），然后固定在花瓶的底部（图 6）。

2. 花茎。用青萝卜修出花茎（图 7、图 8）。

3. 小花。将白萝卜切成片，用模具压出花状（图 9），再用刀批成薄片，形成多个花瓣（图 10）。

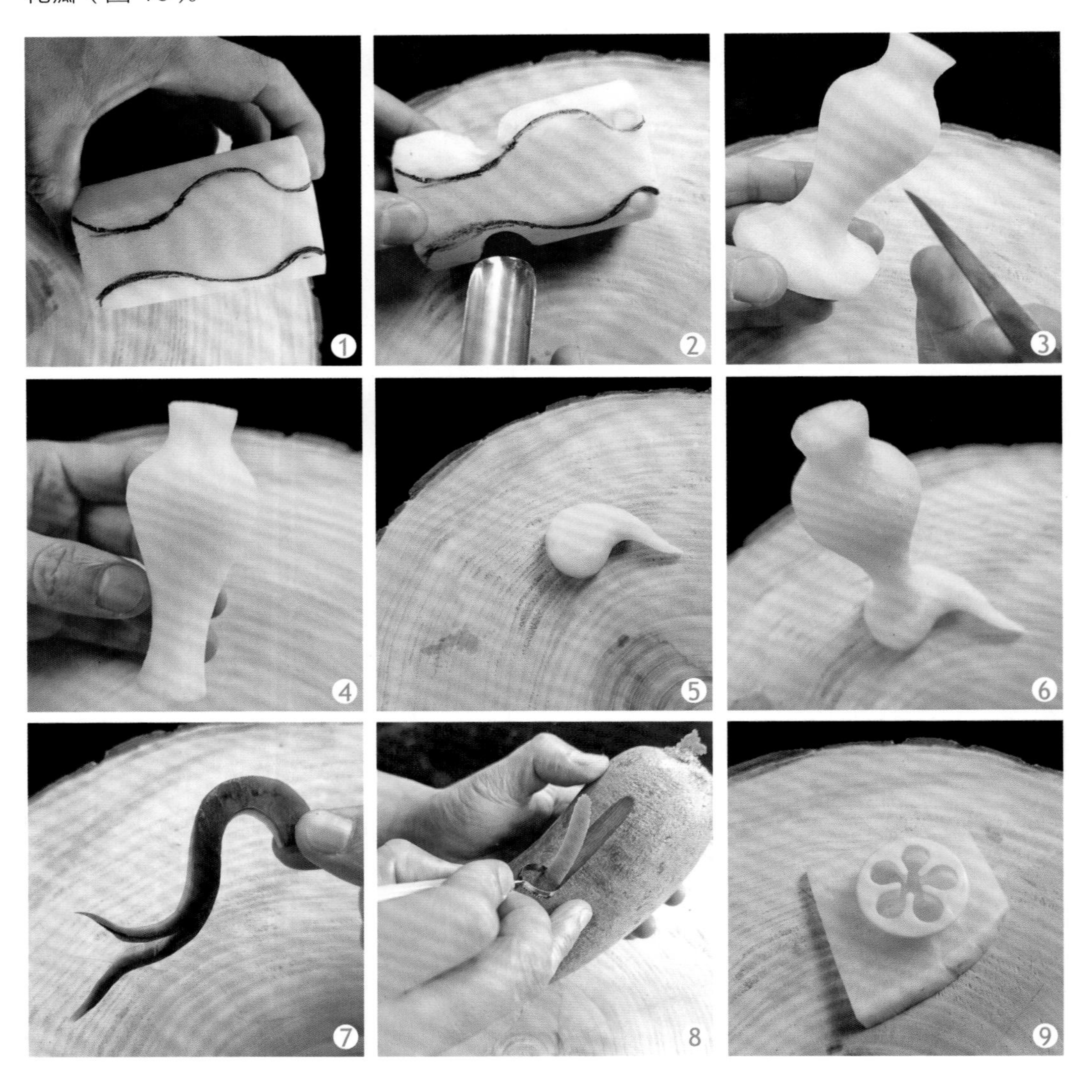

4. 组合。将花茎插入花瓶中（图 11、图 12），将花瓣粘在花茎上（图 13），撒上或放上雏菊点缀（图 14）。

10

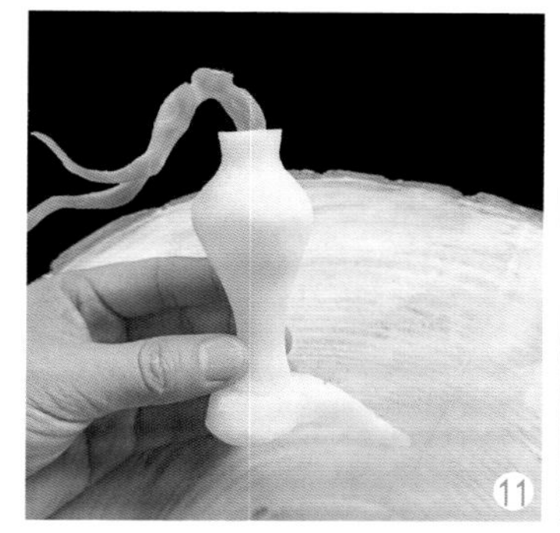
11

12

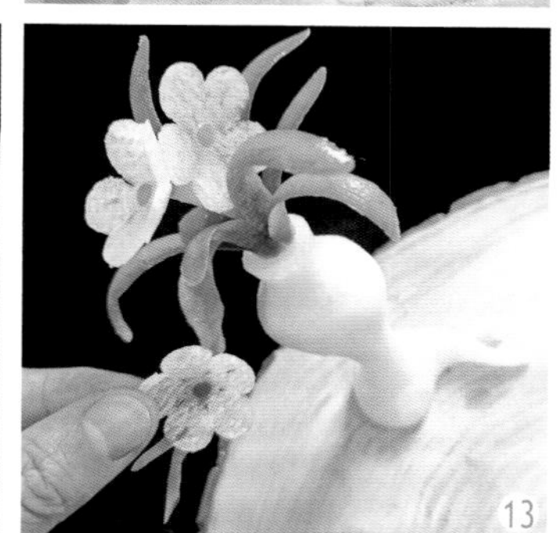
13

14

双花迎新

1. 花心。将心里美萝卜半只修出圆柱形，取一段从中间用槽刀修去周围的萝卜（图 1），再将一端修圆（图 2），用小号槽刀戳出一圈花瓣（图 3），修去一层萝卜后，继续戳出另一圈花瓣，如此直至中心（图 4、图 5）。

2. 花瓣。在青萝卜的外皮上用拉刀拉出长短不一的花瓣（图 6），然后逐圈粘上花瓣（图 7 ~ 图 9）。

3. 花叶。在青萝卜的外皮上用黑笔画出叶子的形状（图 10），用刀修出叶子的轮廓（图 11），拉出叶子的纹理，然后修出（图 12、图 13）；另在青萝卜的外皮上用黑笔画出藤蔓的形状（图 14），再用刀修出藤蔓（图 15）。

4. 组合。在盘子的一侧放上菊花和藤蔓，再放上另一朵菊花（图 16）。

10
11
12
13
14
15
16

（二）果蔬类

草莓迎春

1. 草莓。将心里美萝卜修出草莓大小的形状（图 1），用拉刀拉出草莓的沟槽（图 2），再用戳刀挖出小凹塘（图 3）；在青萝卜的外皮上画出草莓蒂部（图 4），用刀刻出蒂部（图 5），再装在草莓上（图 6 ~图 8）。

2. 藤蔓。在青萝卜的外皮上画出藤蔓的形状（图 9），用雕刻刀修出藤蔓（图 10）。

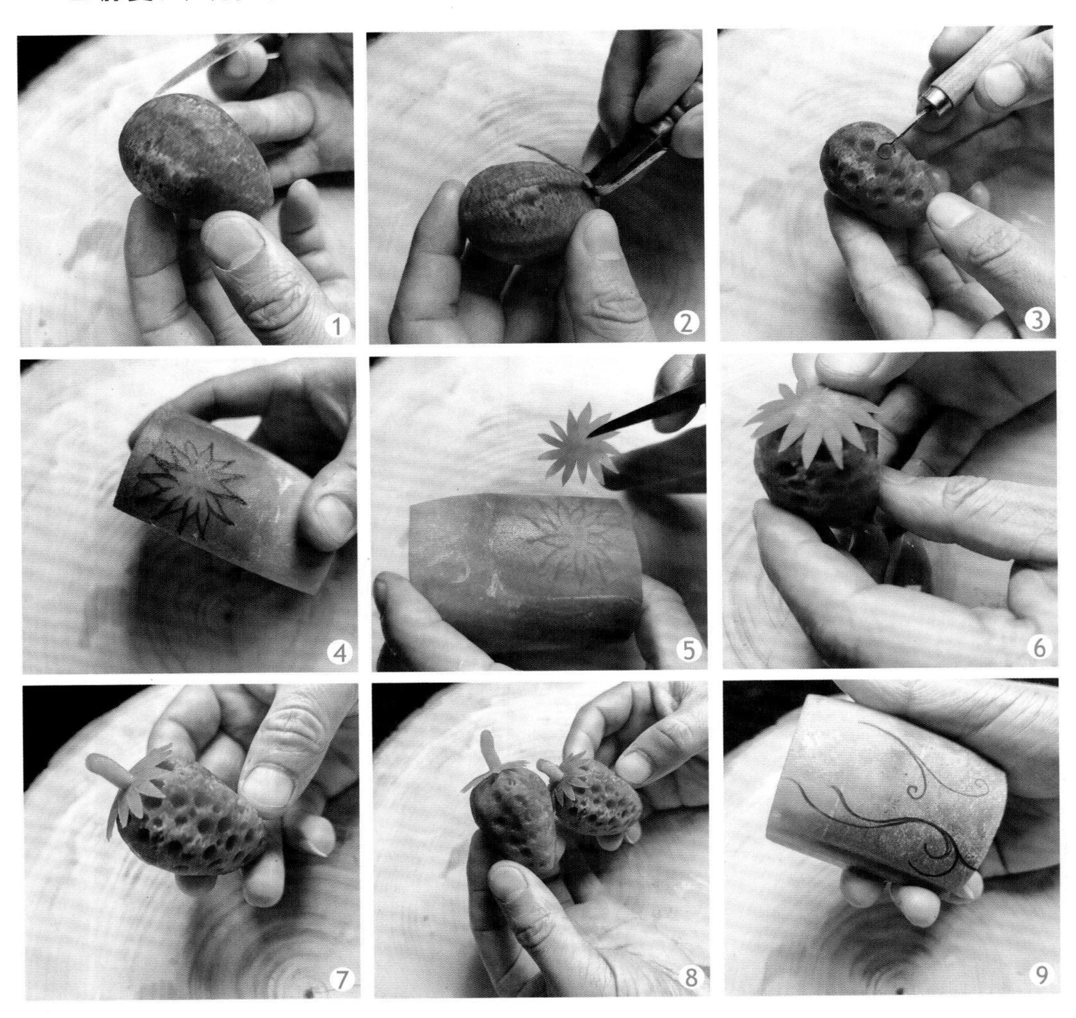

3. 底座。将青萝卜切成条（图 11），另切一块厚片，将萝卜条交叉固定好（图 12）。

4. 组合。将底座放好，将草莓用牙签固定在其上（图 13），装上藤蔓和叶片（图 14）即可。

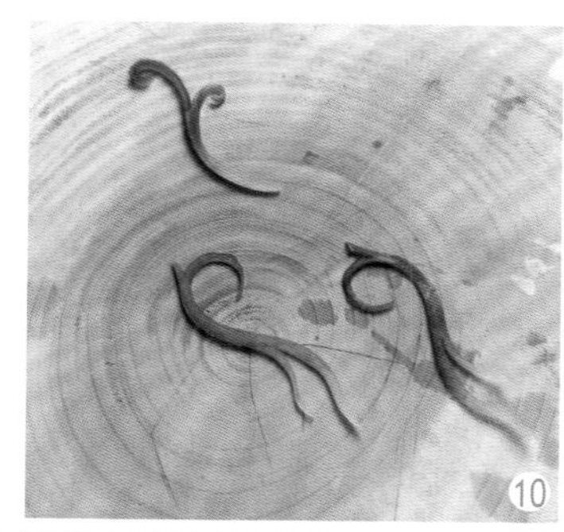
10

11

12

13

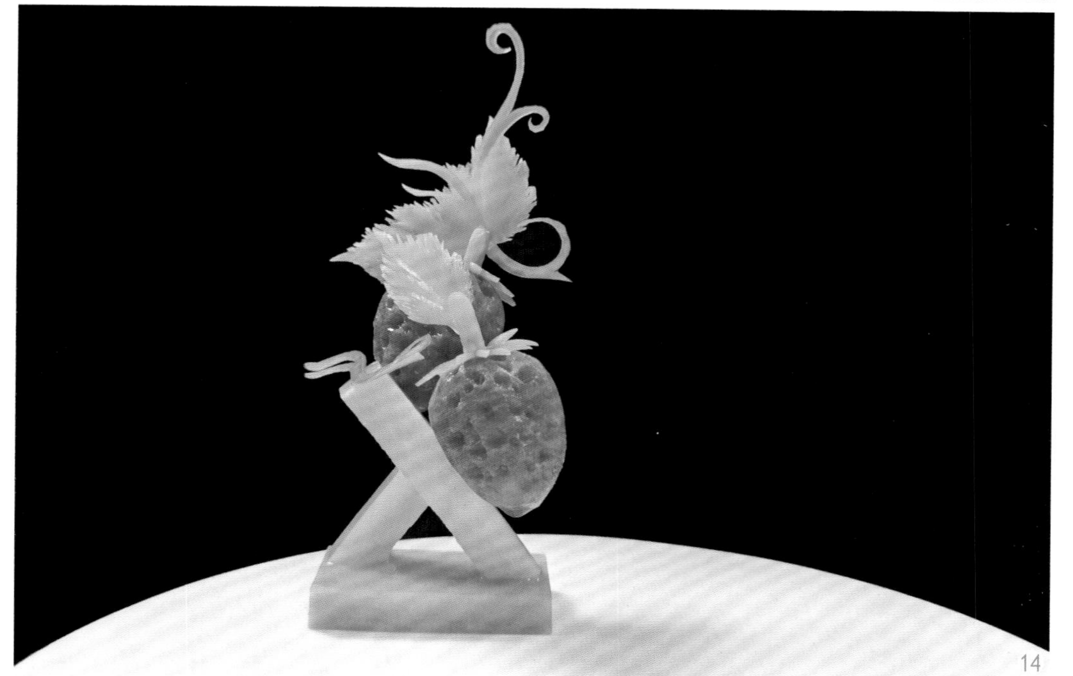
14

葫芦情思

1. 葫芦。取一段胡萝卜，从中间部分用槽刀修成两段（图 1），将一段修出葫芦的尖部（图 2），修出葫芦的形状（图 3），再将另一段修出葫芦的底部（图 4、图 5）；另取南瓜用槽刀修出小花蕾（图 6、图 7）；再取青萝卜用雕刻刀修出锯齿状的片状（图 8），将小花蕾粘在葫芦底部（图 9），将锯齿状的片围托在小花蕾的下边（图 10）。

2. 萝卜条、叶、藤、底座。将青萝卜切成条，棱角修圆（图 11）；再将青萝卜外皮修出“V”字形，用黑笔画出叶子的轮廓（图 12），用刀修出凹凸有致的叶子形状

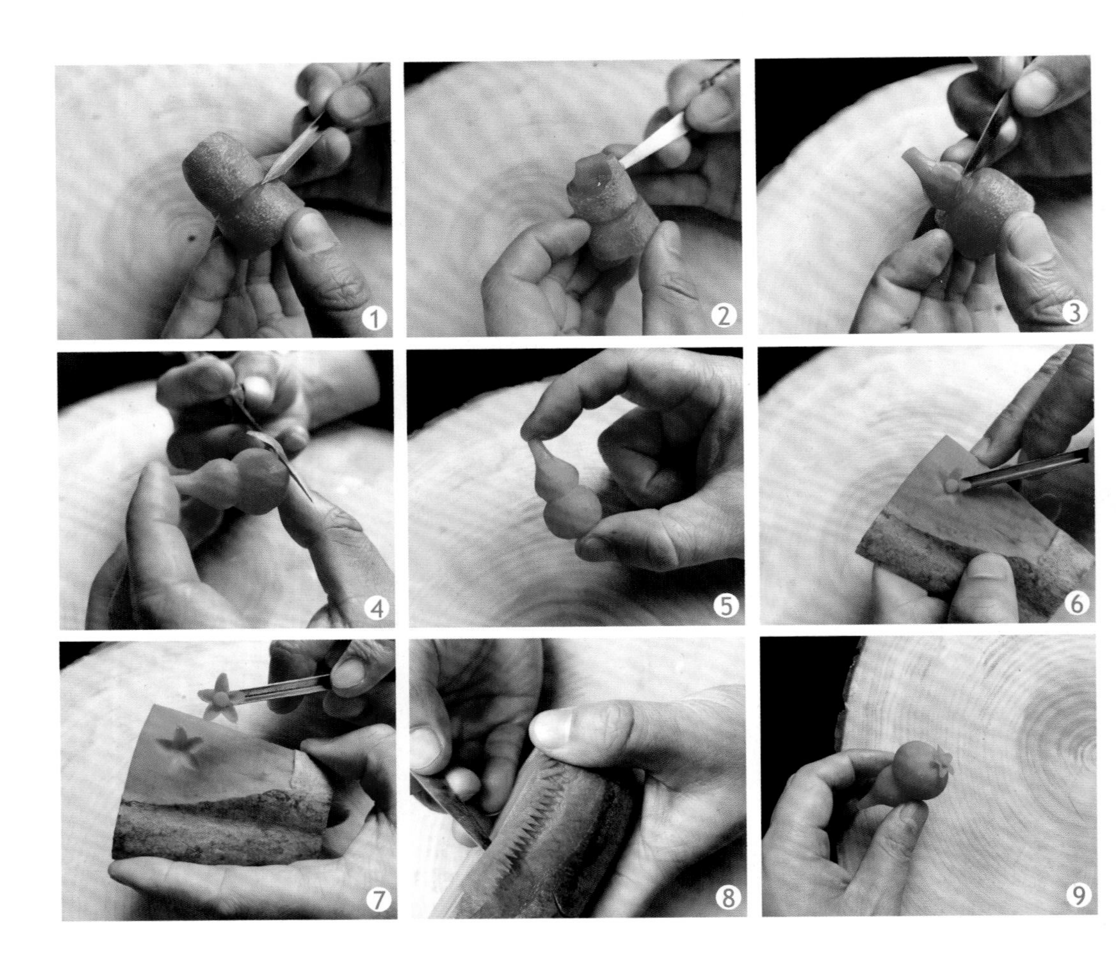

（图 13），用拉刀拉出叶子的纹路（图 14、图 15）；用拉刀拉出青萝卜的藤条（图 16），然后粘在葫芦顶上（图 17）；最后将青萝卜切成厚片，画出底座的轮廓（图 18），修出底座（图 19）；最后在青萝卜的外皮上用黑笔画出藤蔓的轮廓（图 20），修出藤蔓（图 21）。

3. 组合。将两只葫芦安装在底座上用牙签固定（图 22），粘上青萝卜条做藤架（图 23），缀上藤蔓和叶片（图 24）。

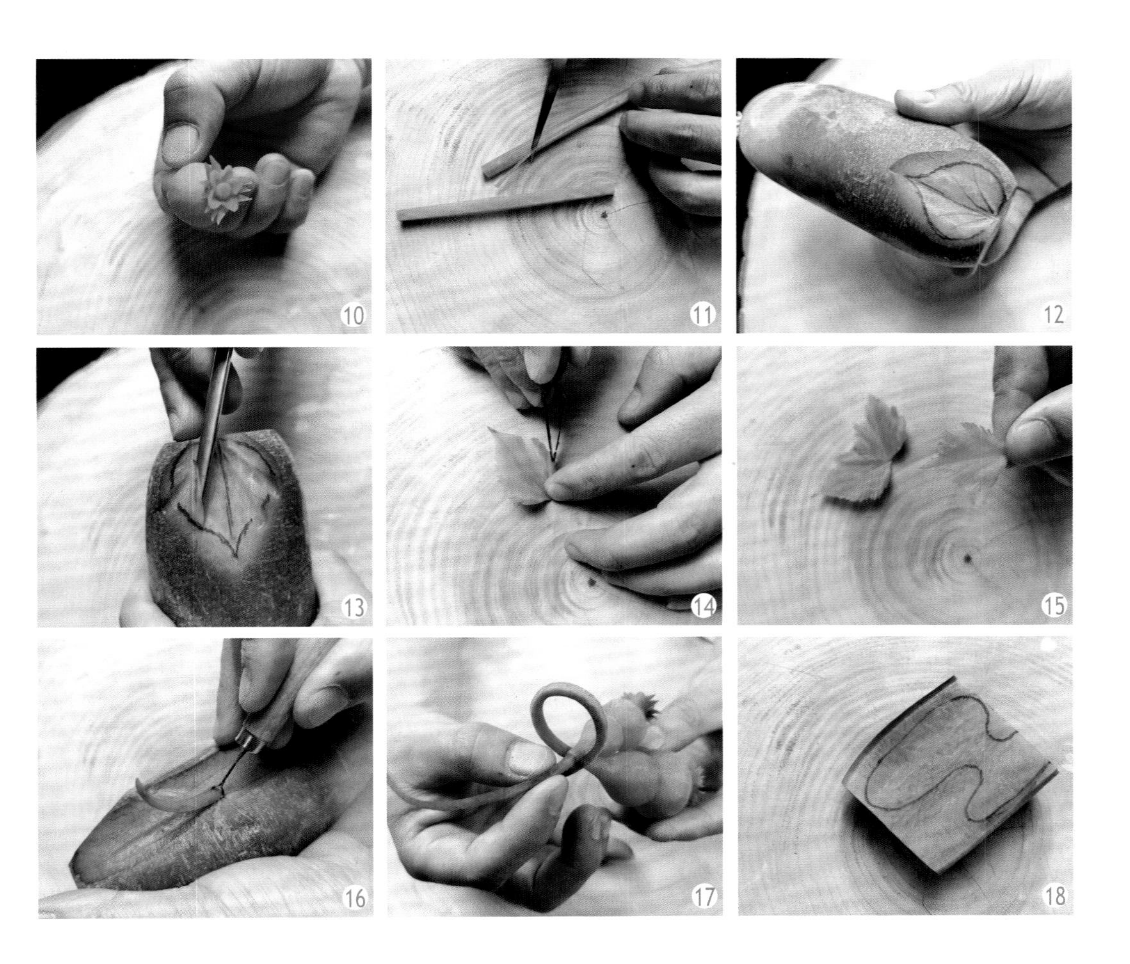

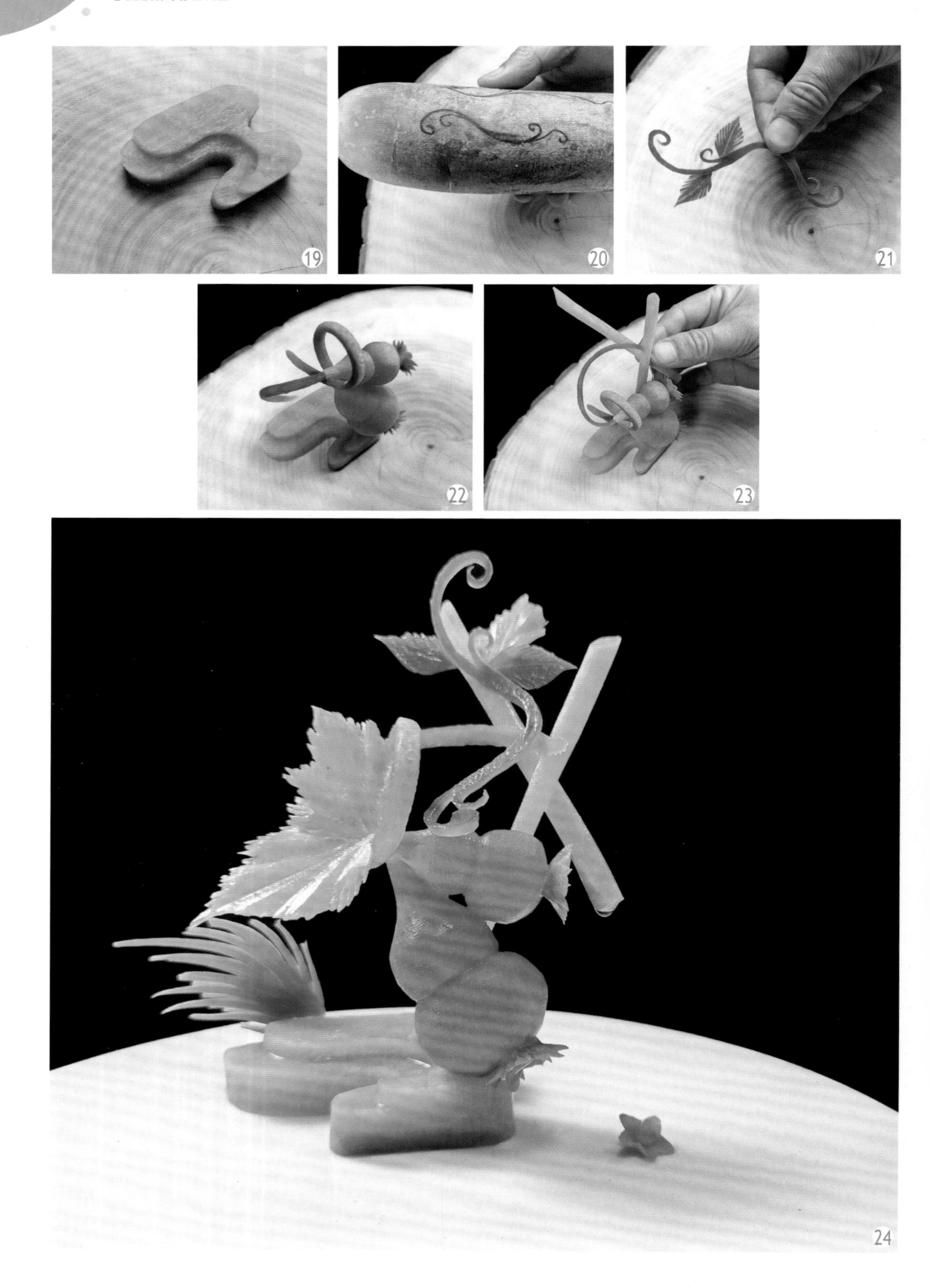
19
20
21
22
23
24

桃之夭夭

1. 桃子。将白萝卜切成两块（图1），用笔大致画出桃子的形状（图2），用雕刻刀修出桃子的立体形状（图3、图4），将外表用砂纸打磨成光滑的桃子（图5），用食用红色素润染上色（图6）。

2. 桃叶。在青萝卜的外皮上刻出桃叶的形状（图7）。

3. 组合。将桃子安放在盘子一端，底部缀上桃叶即可（图8）。

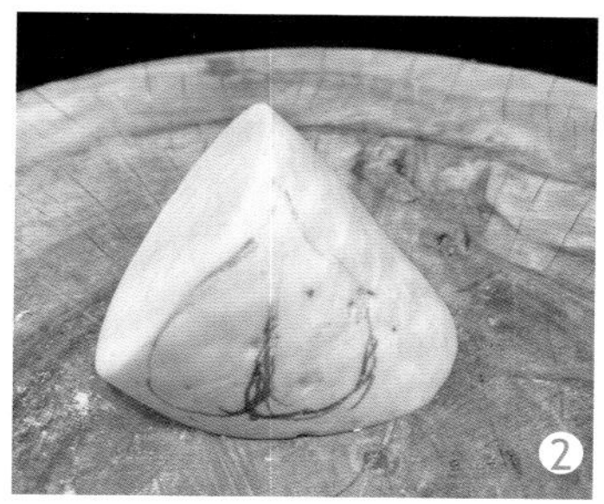

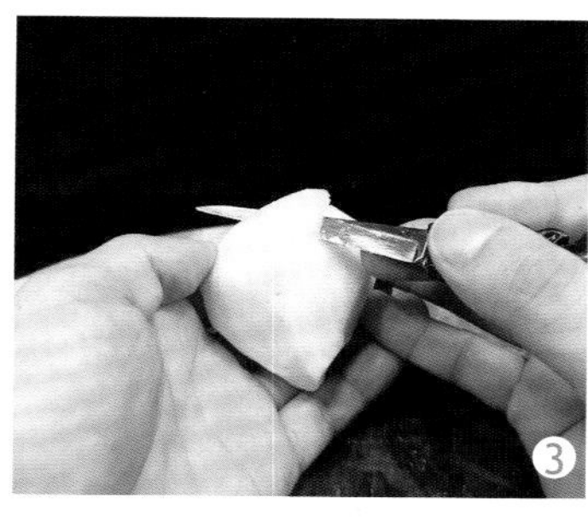

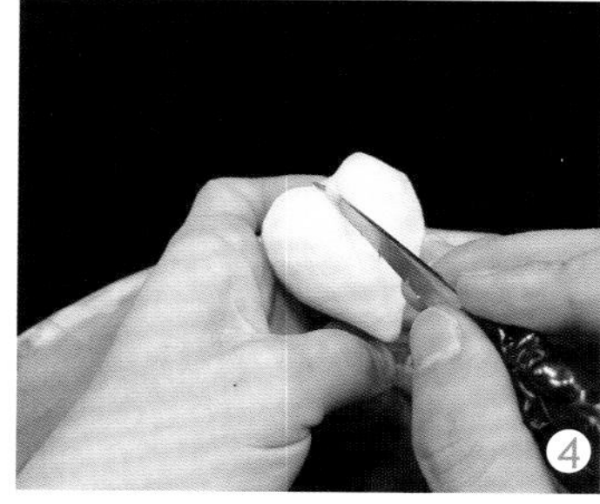

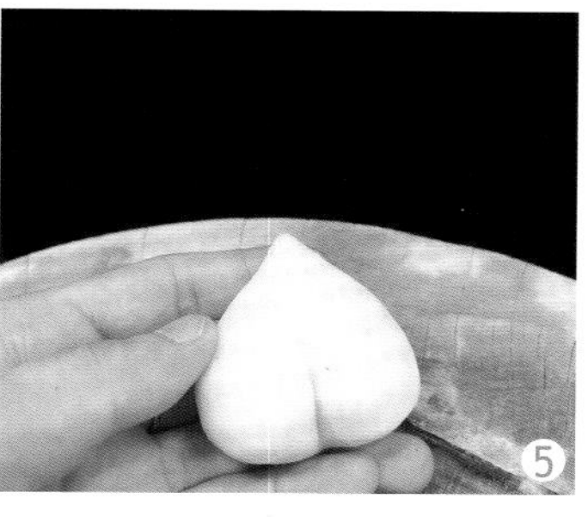

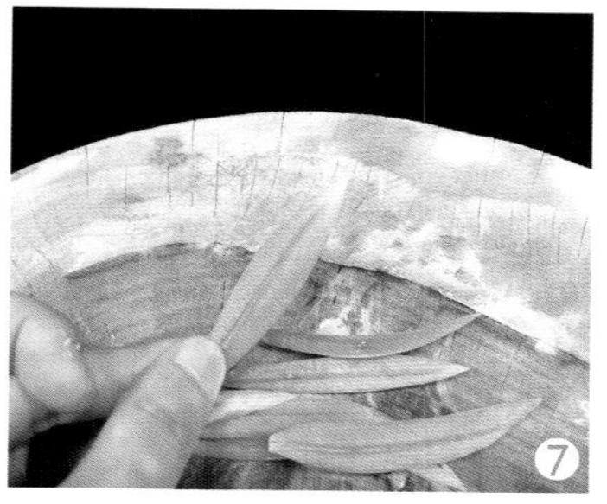

丰收玉米

1. 玉米。将胡萝卜修出玉米的形状（图 1），每隔一个玉米粒大小，用拉刀拉出竖长的槽（图 2），用槽刀戳出玉米的形状（图 3、图 4）。

2. 玉米叶。在青萝卜的外皮上用刨子刨出青皮，然后用雕刻刀刻出玉米叶的形状（图 5、图 6）。

3. 组合。将玉米叶包在玉米的外围（图 7、图 8）。

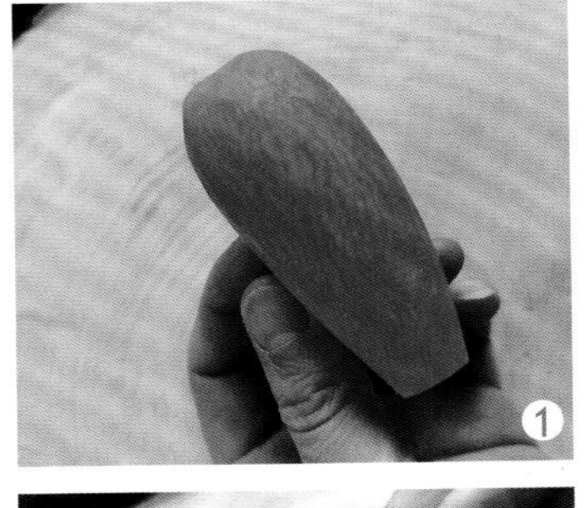

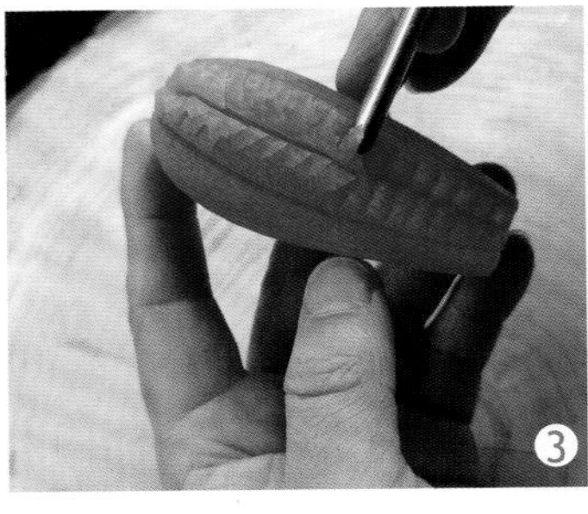

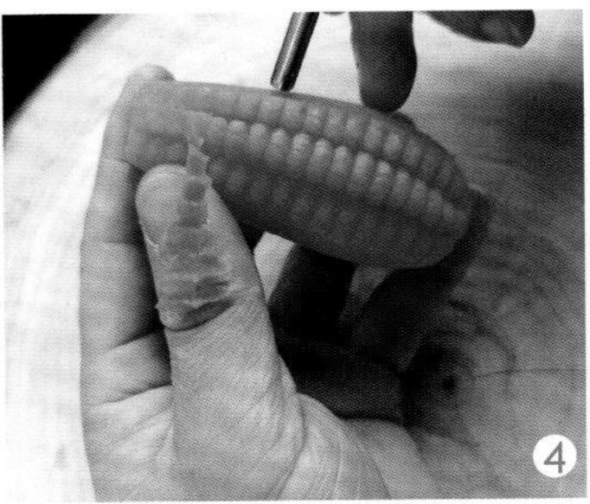

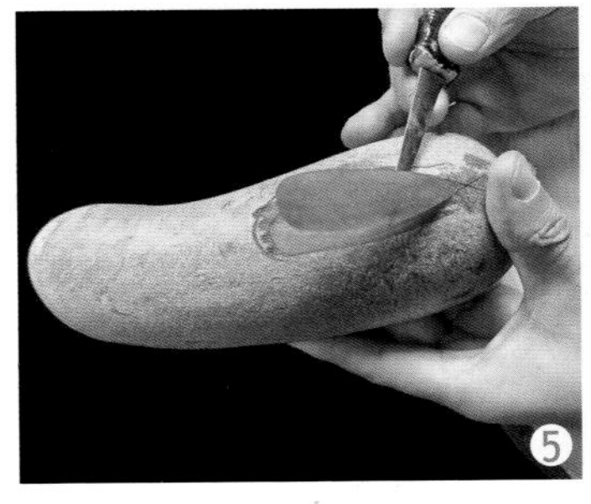

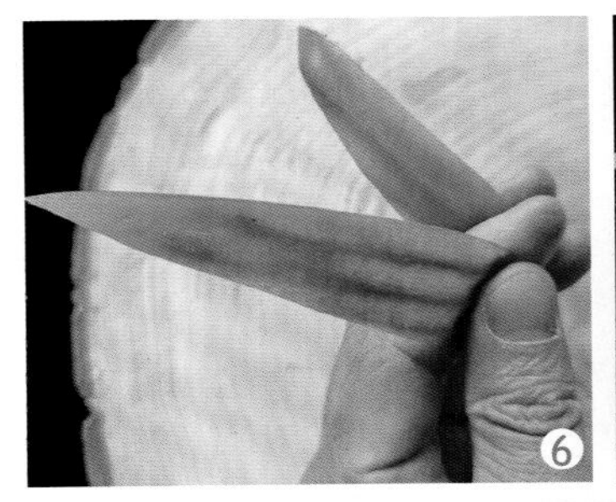

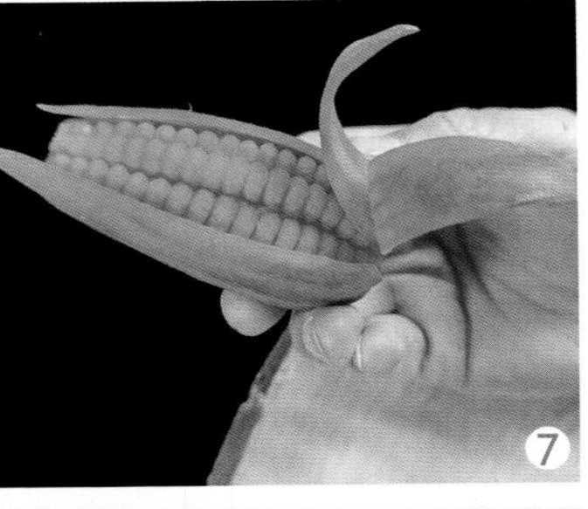

篱笆牵瓜

1. 篱笆。将白萝卜切成条（图 1），然后将萝卜条交叉用牙签固定（图 2）。

2. 丝瓜。切下一块青萝卜块，用雕刻刀修出月牙状（图 3），修出丝瓜状（图 4）；用拉刀拉出丝瓜的槽（图 5），同时用拉刀拉出南瓜丝（图 6），然后将南瓜丝嵌入丝瓜的槽中（图 7）；在青萝卜的外皮上用黑笔画出花托的锯齿状，然后用雕刻刀修出花托（图 8），在南瓜的外皮处用槽刀修出丝瓜的顶花（图 9），最后将顶花和花托粘在丝瓜的顶部（图 10、图 11）。

3. 组合。在青萝卜外皮上拉出丝瓜的藤蔓（图 12），然后粘在丝瓜的尾端并放在白萝卜条上（图 13），将青萝卜切成细条（图 14），然后在盘子上进行组装（图 15）。

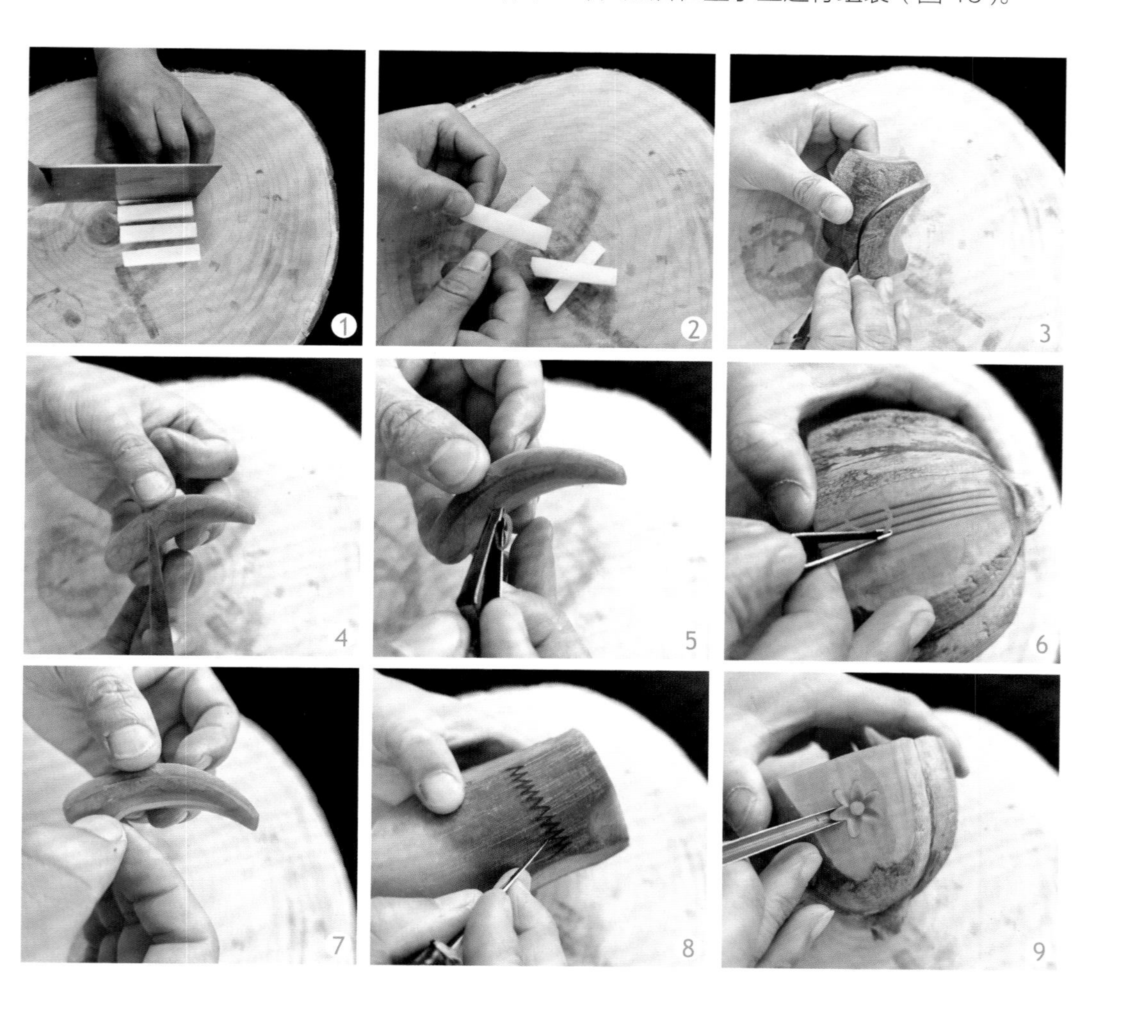

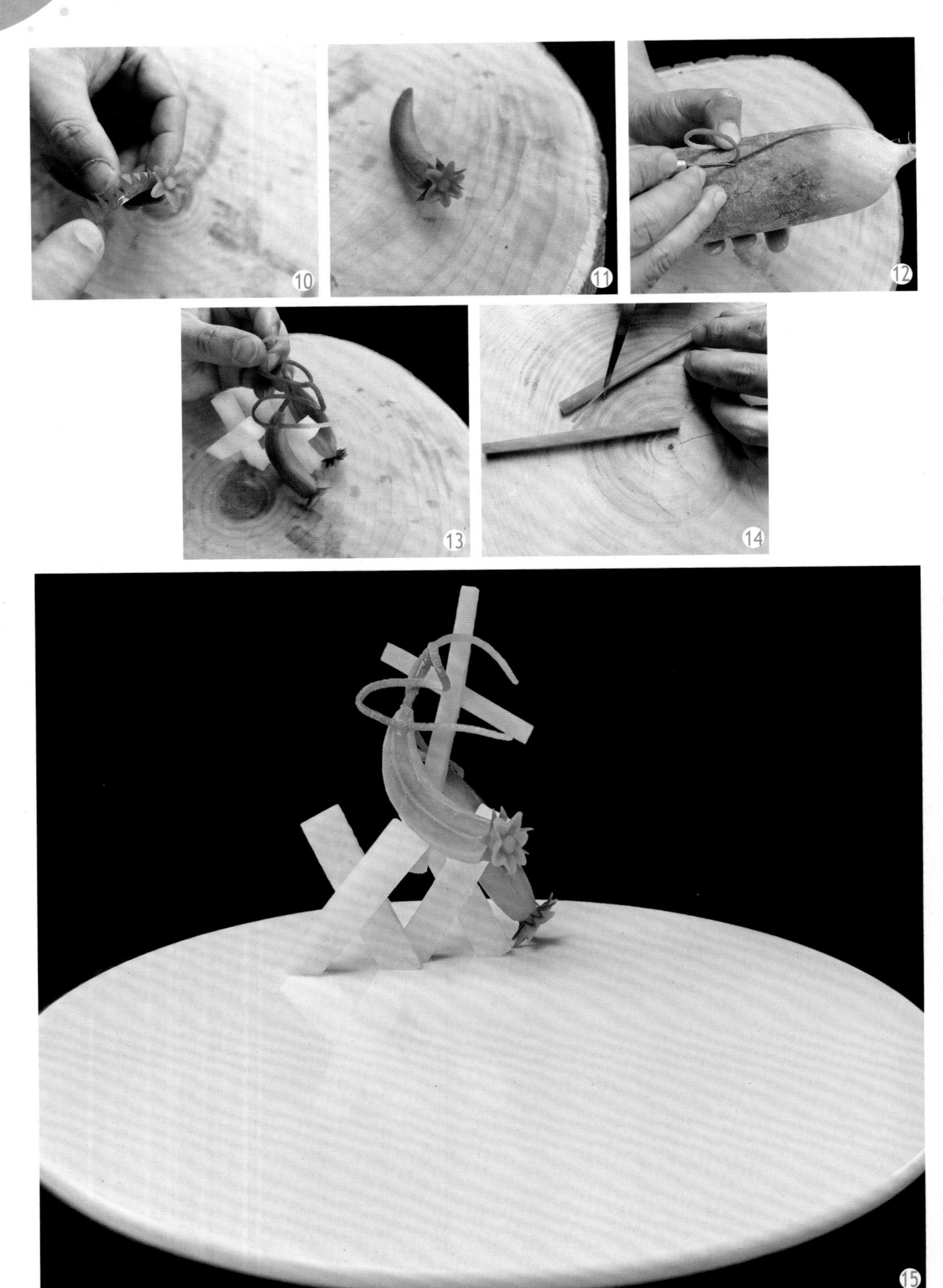
10
11
12
13
14
15

藕断丝连

1. 白藕。将白萝卜切成三块，用黑笔画出藕的大致形状（图 1），顺着轮廓修去多余的部分并再切一块白萝卜（图 2、图 3），然后逐段修圆（图 4），用拉刀拉出藕断的凹槽（图 5），修完之后连在一起（图 6），另一藕段一端用槽刀掏出藕眼（图 7），另一端用藕节装上（图 8），做出完整的藕段（图 9）；取一段胡萝卜，用拉刀拉出须状（图 10），然后整体修出须状带（图 11），最后安装到藕段连接处做藕节（图 12），另取一节白萝卜，用雕刻刀修出长条状（图 13），修出藕芽状（图 14），再将藕芽装在藕节处（图 15）。

2. 石头与小草。将青萝卜修出有层次石头状（图 16），再修出小草（图 17），预先装配一下（图 18）。

3. 组合。在盘子的一侧组装成品，撒上雏菊的花瓣（图 19）。

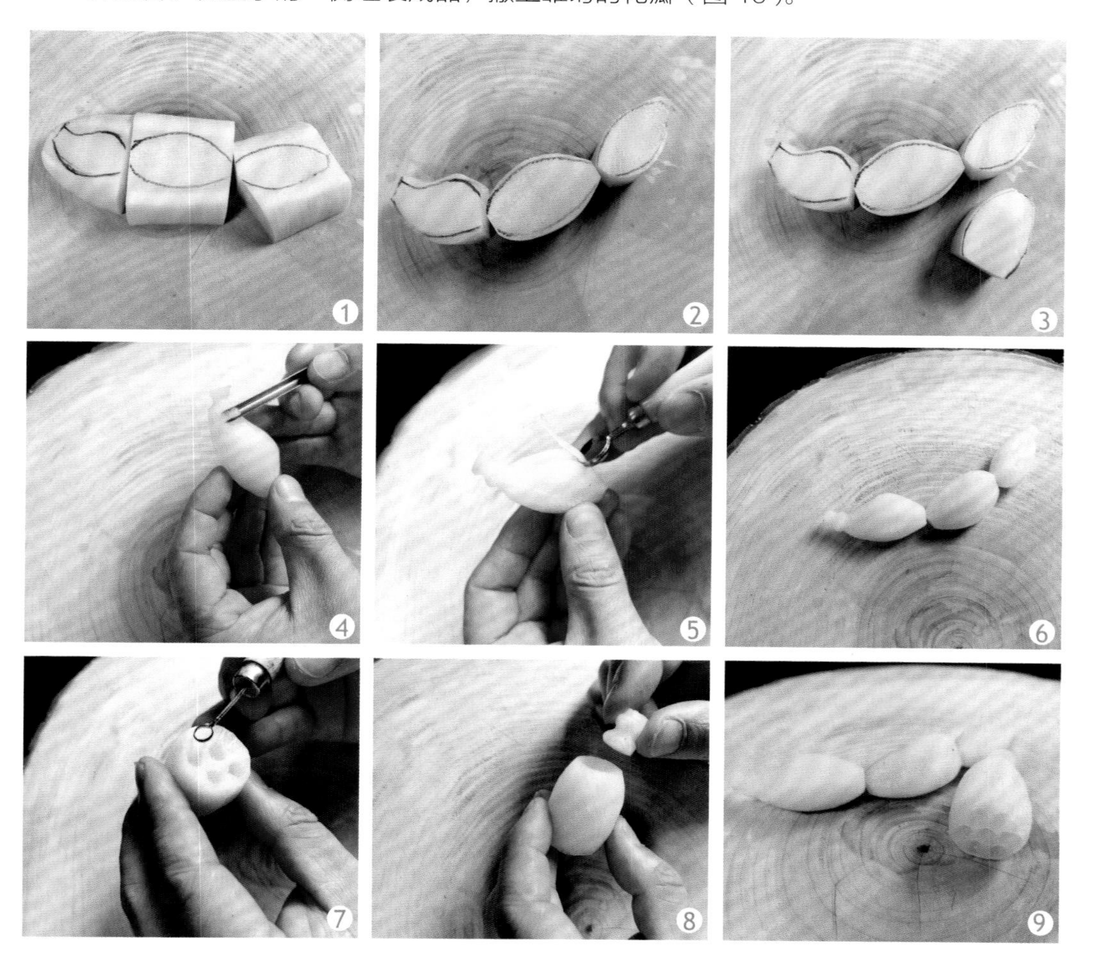

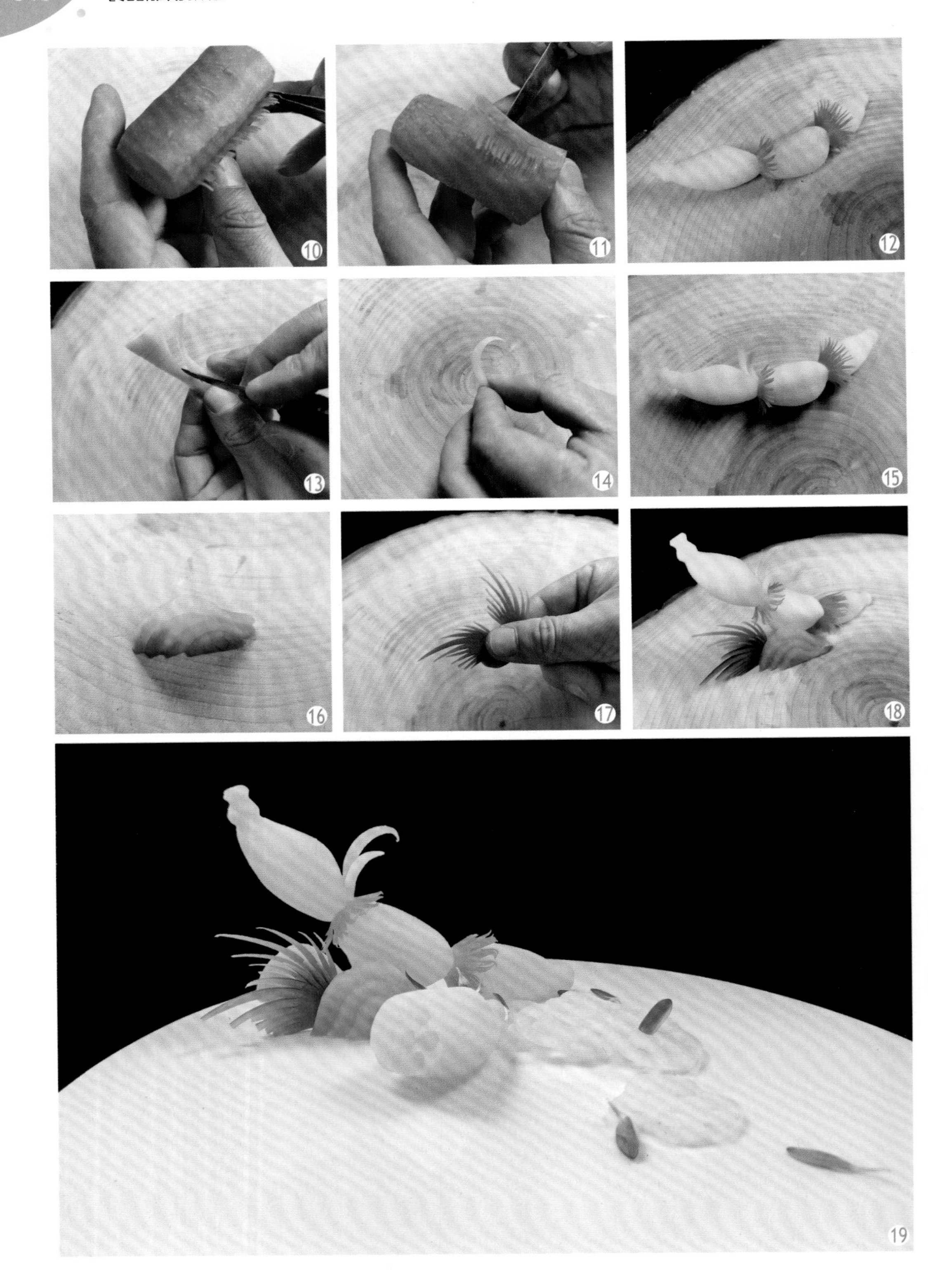
10
11
12
13
14
15
16
17
18
19

翠竹丝瓜

1. 竹节。将青萝卜切成长条（图 1），按照竹节的长势，用拉刀旋转分段（图 2），修去竹节多余部分（图 3），形成竹节（图 4）。

2. 丝瓜叶。在青萝卜外皮画出丝瓜叶的外形（图 5），用雕刻刀修下，刻出叶脉（图 6）。

3. 丝瓜。用拉刀拉出一节小丝瓜的条状（图 7），用雕刻刀修成立体状（图 8），另用胡萝卜修成小花，用食用胶粘在丝瓜顶端（图 9）。

4. 组合。将 4 支修好的竹节交叉用牙签固定，架上一根细长的竹条，缀上刻好的丝瓜叶，用食用胶粘上小丝瓜等（图 10）。

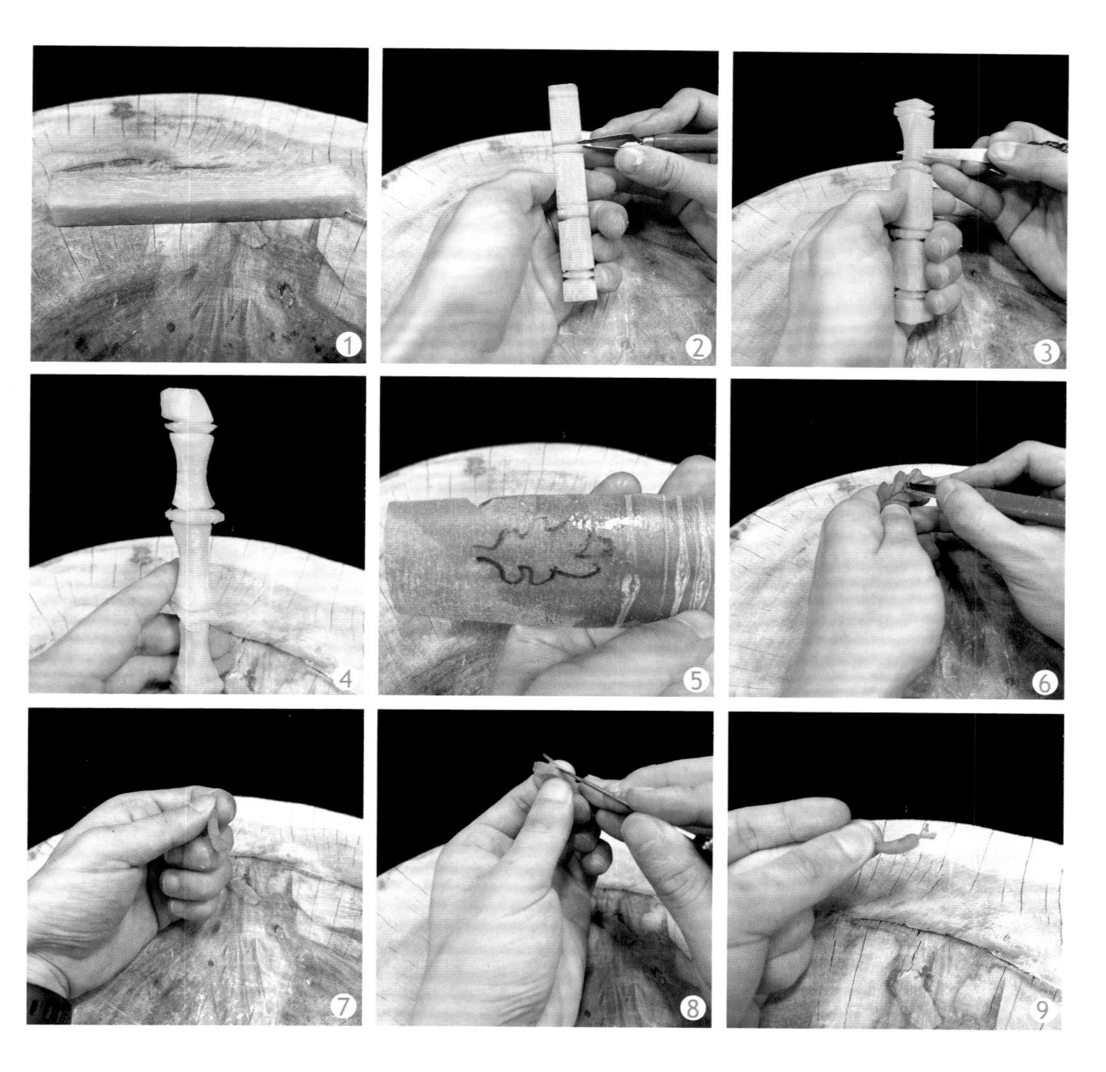

10

椰林风光

1. 椰树杆。将青萝卜用雕刻刀刻出椰树杆粗枝（图 1、图 2），用拉刀拉出椰树杆上的细纹（图 3），再修成立体的杆状（图 4、图 5）。

2. 椰树叶。在青萝卜外皮上用雕刻刀刻出椰树叶的粗坯（图 6），用雕刻刀刻出叶脉，（图 7 ~图 9），用食用胶将几个椰树叶粘在一起（图 10）。

3. 组合。将粘好的椰树叶用食用胶粘在椰树杆上（图 11），再将椰树整体安放在青萝卜刻出的假山石头上，缀上几个用心里美萝卜雕刻的椰果和小草（图 12）。

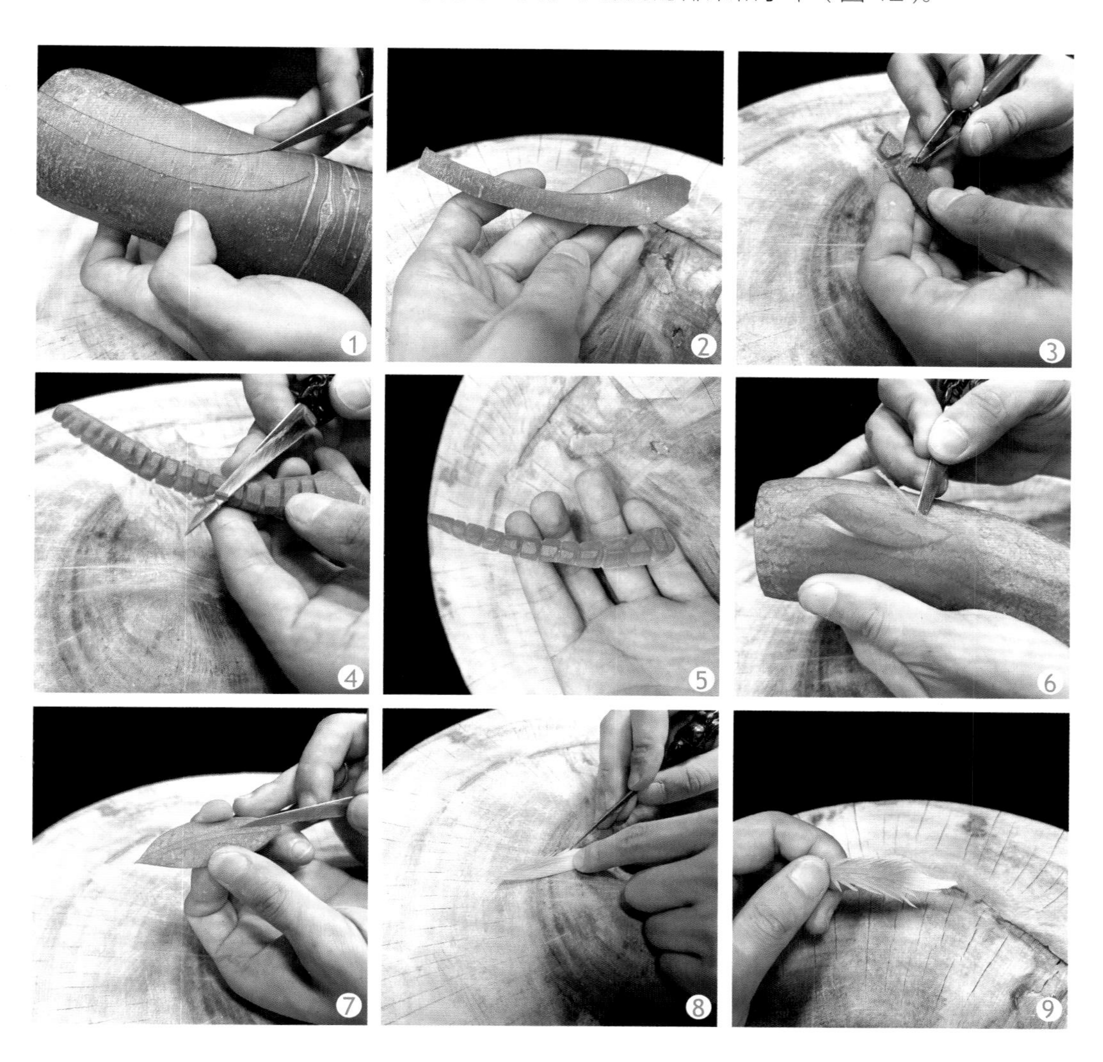

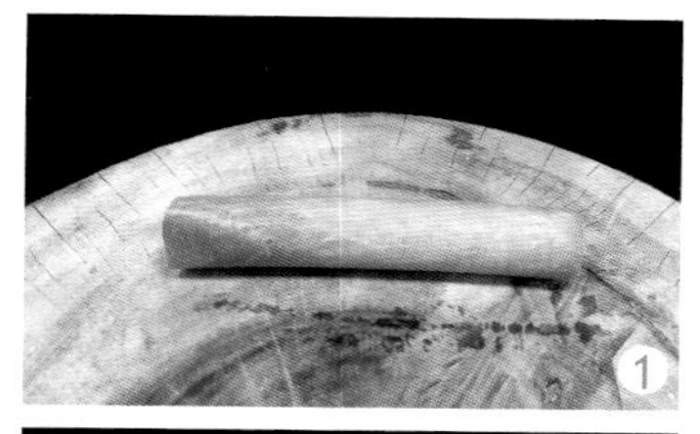

茁壮竹笋

1. 竹枝。将青萝卜用切刀旋切出竹竿粗枝（图 1），用拉刀旋刻分节（图 2），刻出竹节（图 3），修出竹枝多余的部分（图 4、图 5），用圆拉刀掏空竹腔（图 6）。

2. 竹叶。在青萝卜外皮上用雕刻刀刻出竹叶的粗坯（图 7、图 8）。

3. 组合。将粘好的竹叶用食用胶粘在竹竿上（图 9），再将竹枝安放在青萝卜刻出的假山石头上，缀上几个用青萝卜雕刻的竹笋（图 10）。

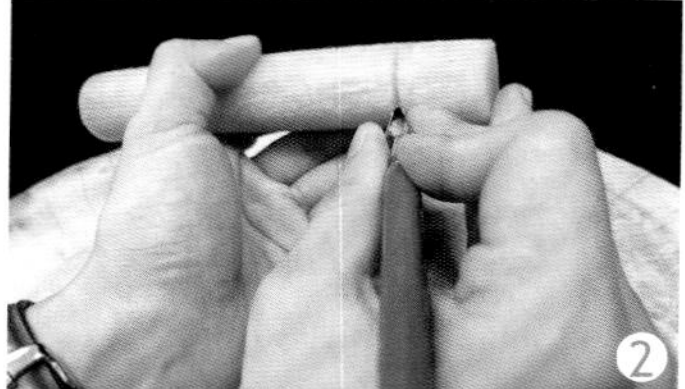

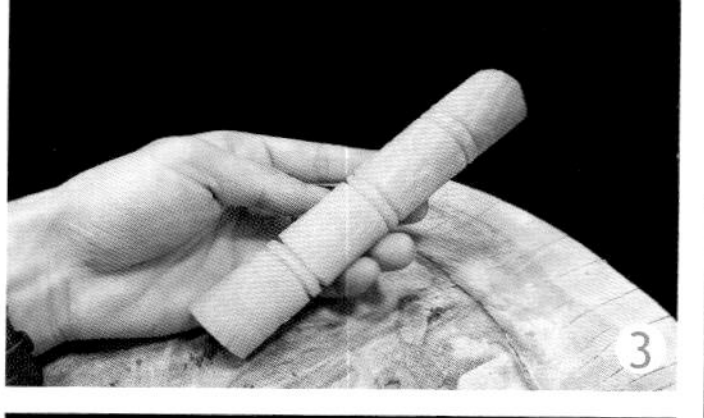

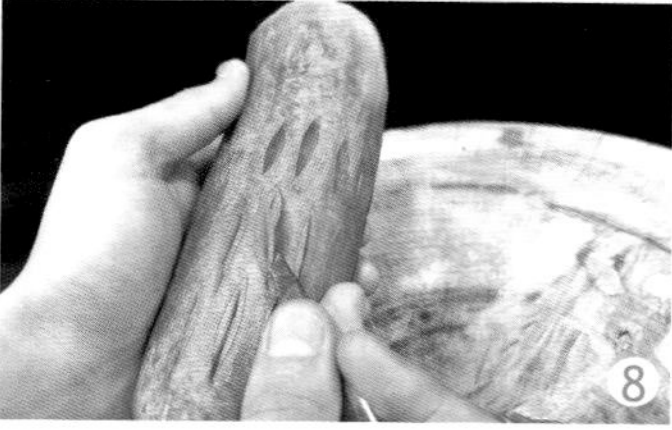

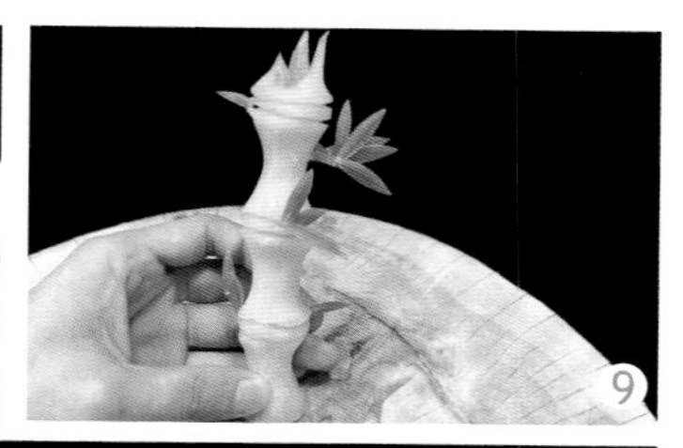

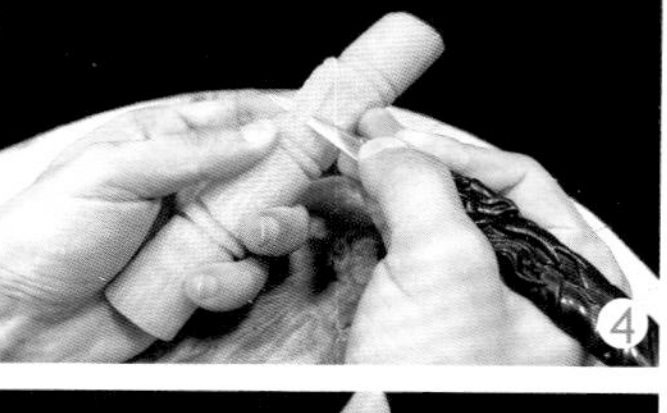

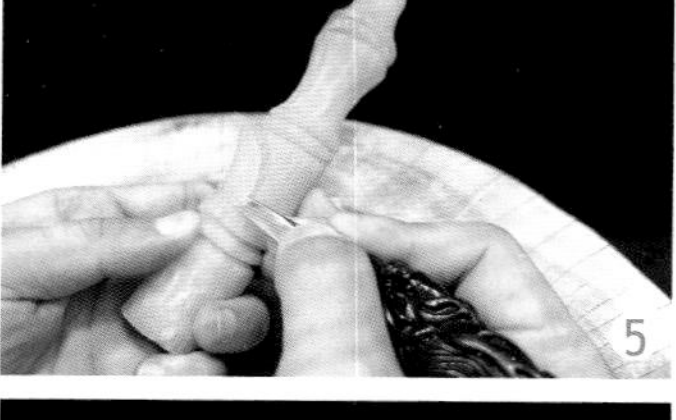

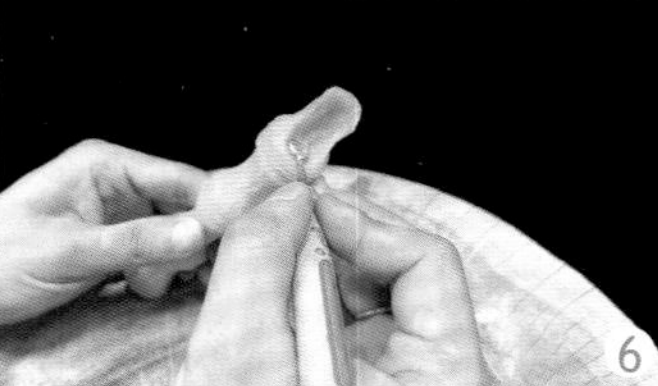

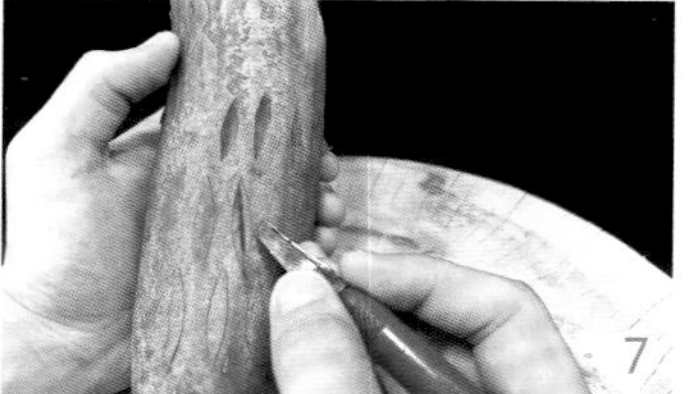

二、动物类

（一）鸟类

鹅之池塘

1. 白鹅身体。将白萝卜切成两块，用食用胶拼接在一起（图 1），再将胡萝卜小块用食用胶拼装在头部，用黑笔描出大鹅的轮廓（图 2），用雕刻刀大致修出大鹅的外形（图 3），继续细修鹅颈部（图 4 ~图 6），细修鹅身体部位（图 7、图 8），细修大鹅头部（图 9），使之成为相对细腻的大鹅坯体（图 10）。

2. 大鹅羽毛。取一段白萝卜，去掉外皮，用雕刻刀刻画出羽毛的形状（图 11），用拉刀拉出羽毛的脉络（图 12），用雕刻刀铲下羽毛（图 13），用雕刻刀细刻出羽毛的边缘细毛（图 14）。

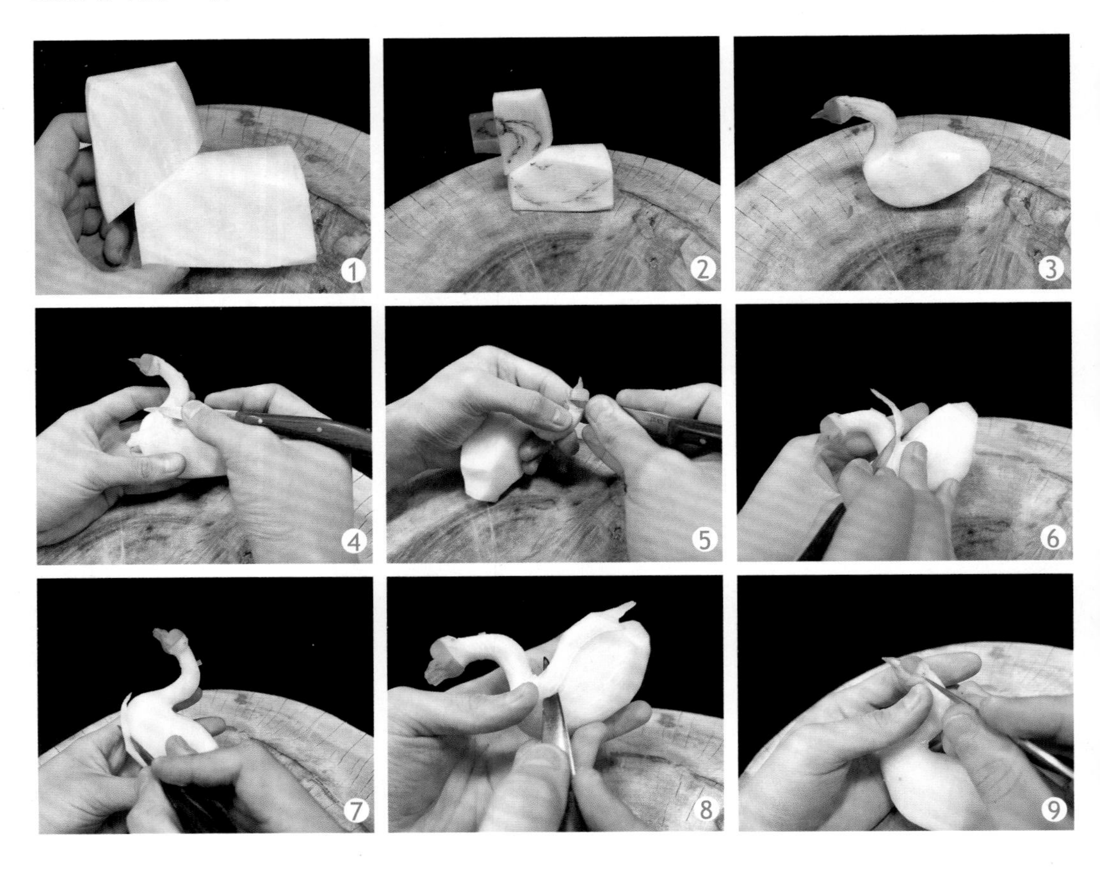

3. 组合。用食用胶粘在尾部作尾羽（图 15），继续粘上两侧翅膀的羽毛，装上眼睛（图 16），最后安放在盘中，配上前面雕刻的荷花饰件，呈现出一幅池塘小景（图 17）。

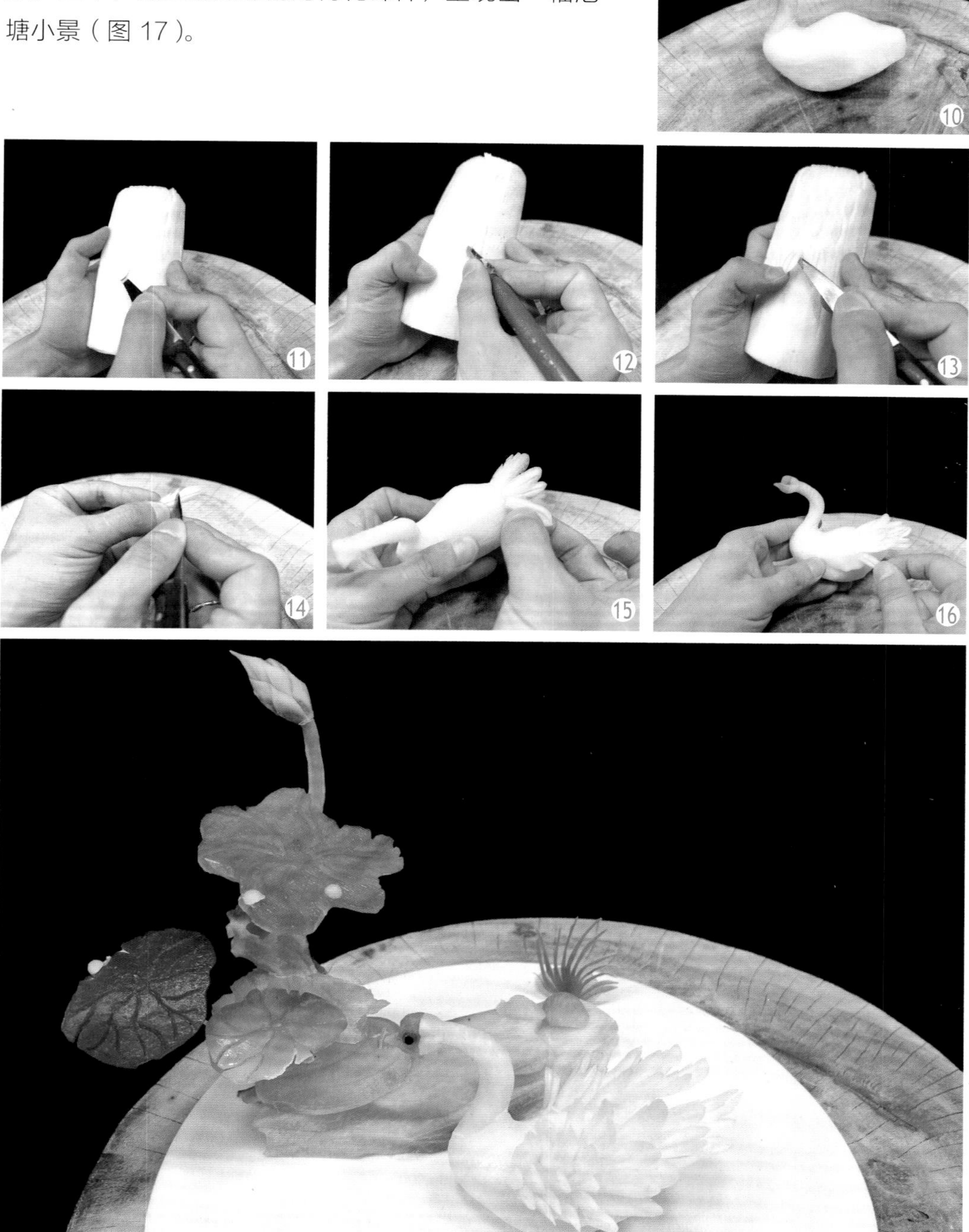

凤凰展翅

1. 头部。取一块南瓜，修去外皮，用黑笔描画出凤凰头部的大致轮廓（图 1），用雕刻刀刻出凤凰头部的立体粗坯（图 2），修出凤凰冠部（图 3），修出凤凰的脖颈部（图 4），修出凤凰的嘴部（图 5），修出凤凰的眼睛（图 6），修出凤凰下巴部位的肉髯（图 7），用拉刀拉出凤凰冠部的纹理（图 8），用雕刻刀修出凤凰下巴部位肉髯的皱褶（图 9），用另一南瓜条修出凤凰冠部的顶穗（图 10），安放在嘴部上方（图 11）。

2. 身体与脖颈羽毛。用食用胶粘接一大块南瓜，刻出凤凰身体的大致轮廓（图 12），修出凤凰的翅膀和尾部（图 13）；用几片南瓜修出脖颈的羽毛（图 14），点缀在脖颈部位（图 15）。

3. 尾羽。取一大块南瓜，用黑笔描画出尾羽的形状（图 16），再用雕刻刀刻下细雕

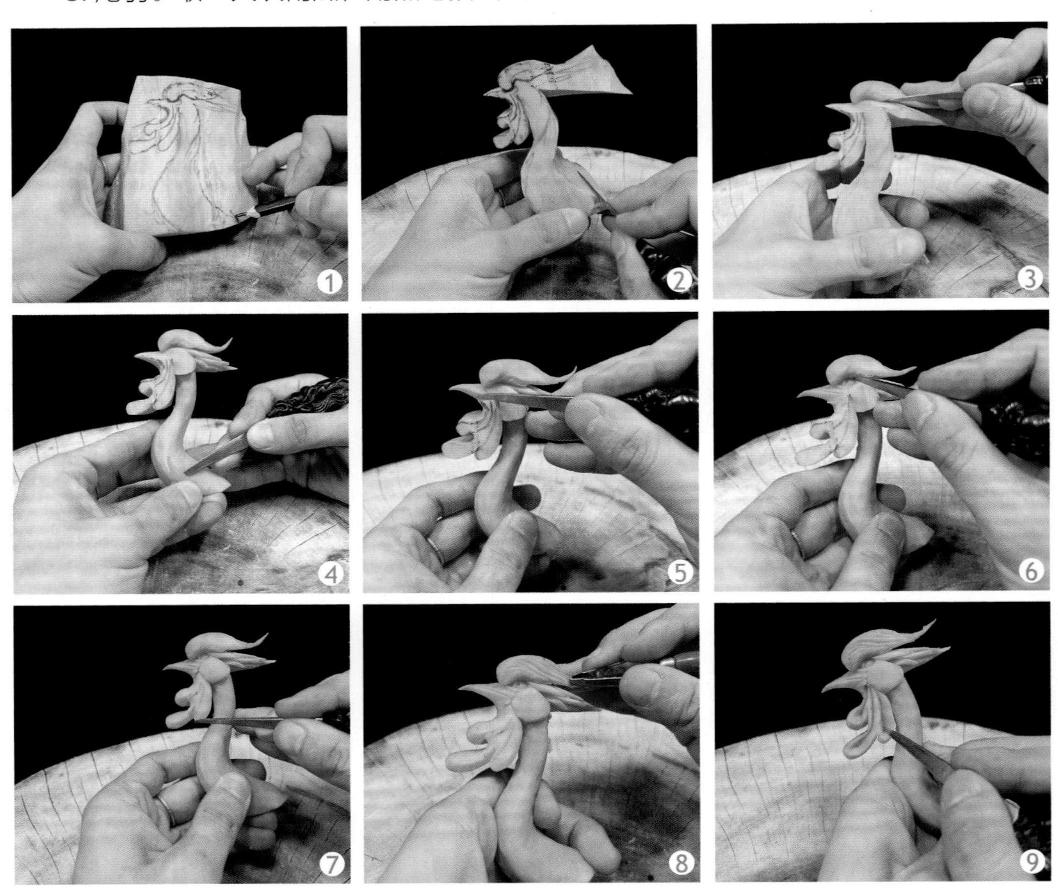

（图 17），细化刻出尾羽上的细毛（图 18、图 19）。

4. 翅膀。取另一块南瓜片修成翅膀大小的粗坯（图 20），用雕刻刀刻出翅膀上面的羽毛（图 21、图 22）

5. 组合。取出用魔芋雕刻的墙垛（图 23），用牙签固定安放上展翅的凤凰雏形，缀上凤凰的足爪、月季花及绿藤、叶片（图 24），安上翅膀羽毛及尾羽，旁边放一只雕刻好的小鸟（图 25）。

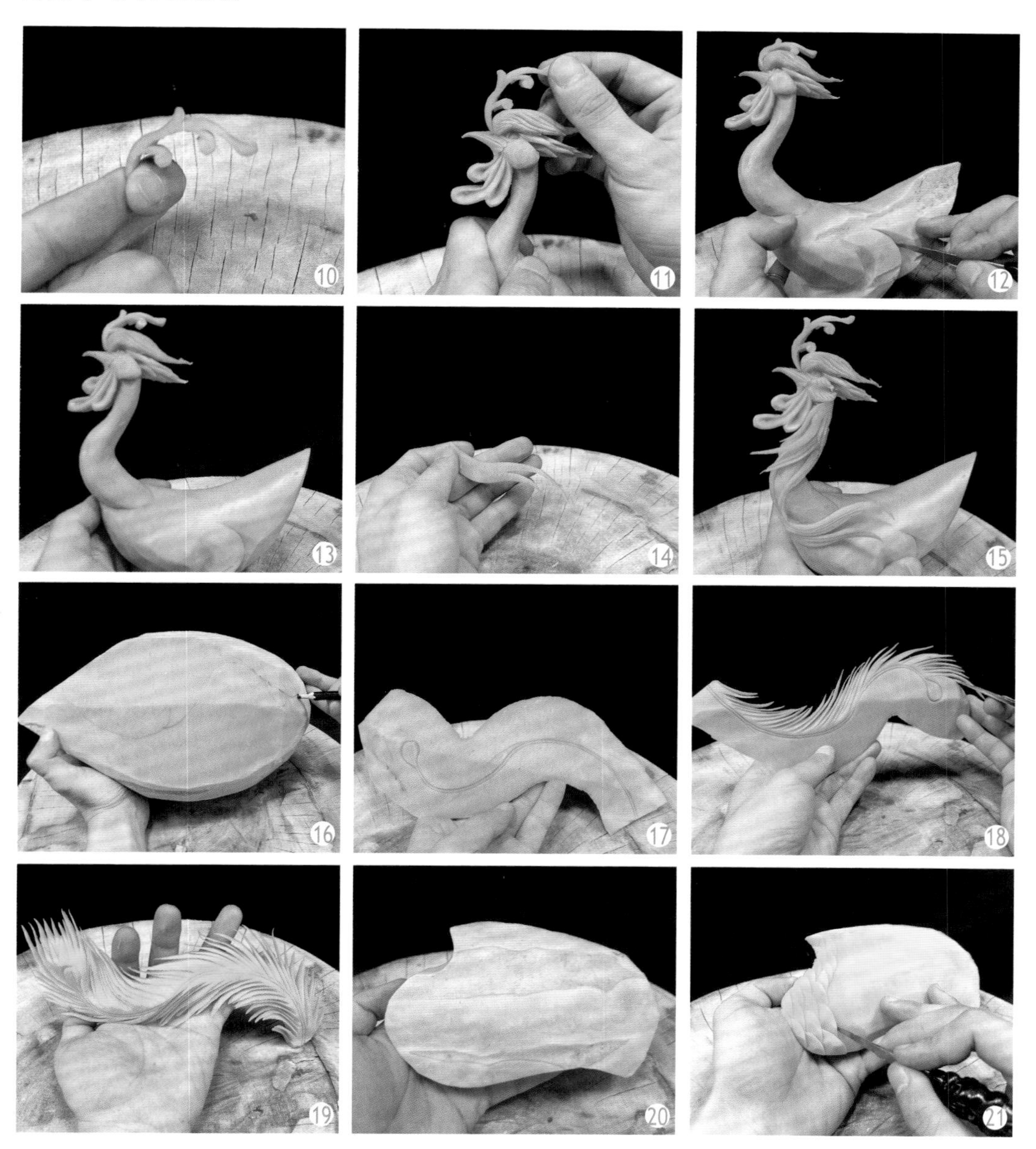

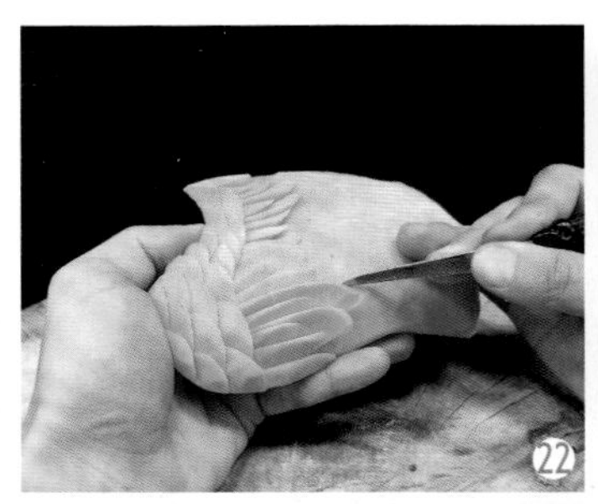
22

23

24

25

孔雀登高

1. 头部。取一块南瓜，用黑笔描出孔雀头部的轮廓（图 1），用雕刻刀刻出孔雀头的粗坯（图 2、图 3），将头和颈部细雕（图 4），用拉刀分出嘴部轮廓（图 5），分出冠部轮廓（图 6），分出眼睛的轮廓，修出细长的颈部（图 7），用雕刻刀刻出眼睛部位的细纹、冠部细纹、嘴部喙纹（图 8），刻出冠顶部的细纹（图 9），刻出颈部的细纹（图 10）。

2. 身体。用食用胶将一段南瓜粘接在孔雀颈部（图 11），修出孔雀的身体部位以及羽毛（图 12、图 13）。

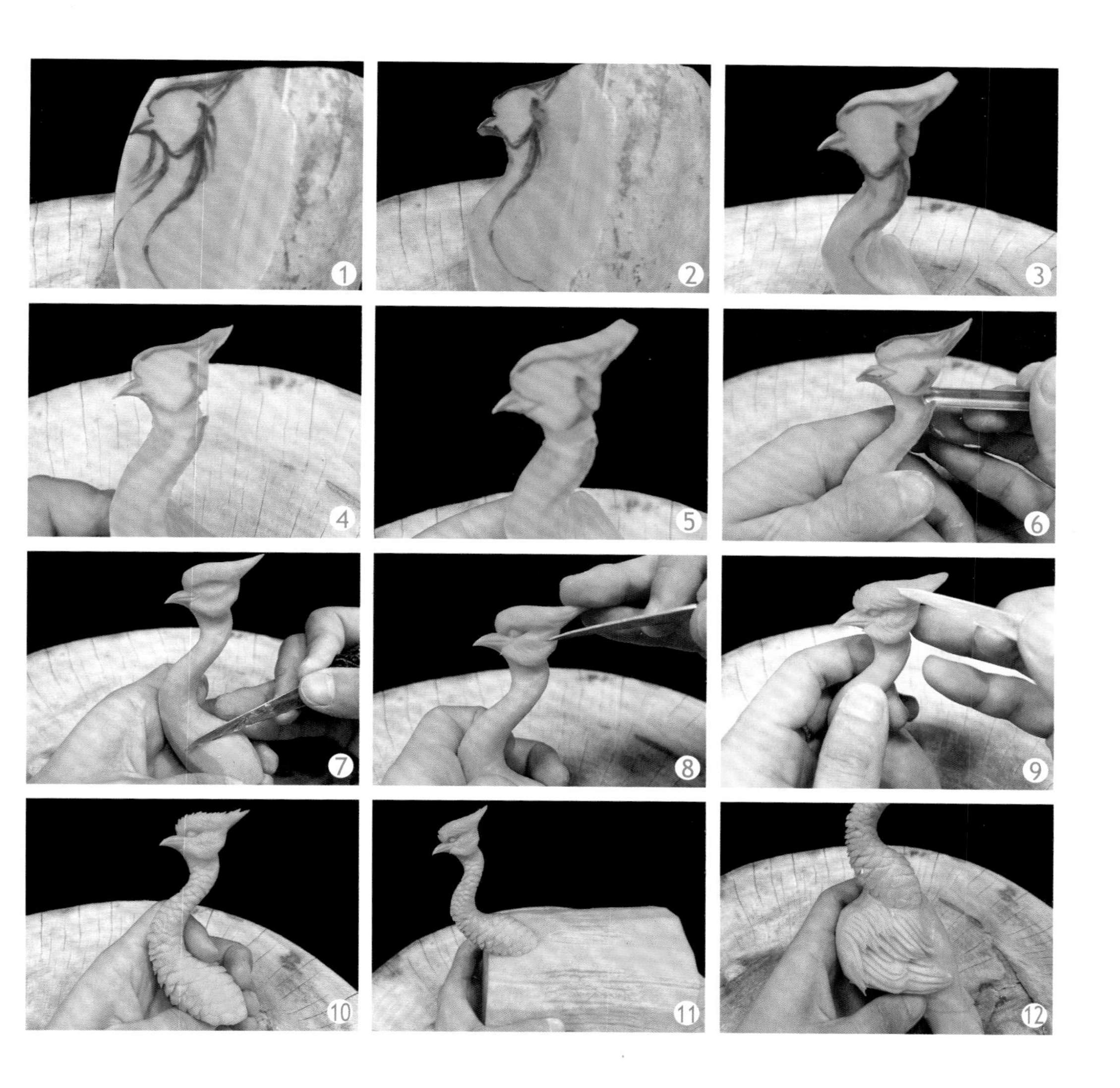

3. 尾羽。取出用魔芋雕刻的墙垛，将孔雀头部和身体安放在墙垛上，用食用胶交替粘上长方形南瓜片做衬底（图 14）；取一片南瓜片刻出翅骨线条（图 15），刻出一侧锯齿状羽毛（图 16），再刻出另一侧锯齿状羽毛（图 17）。

4. 组合。将刻出多个尾羽用食用胶交替地粘接上，形成丰盈的尾部特征，墙垛上粘接上月季花、绿色藤叶等（图 18）。

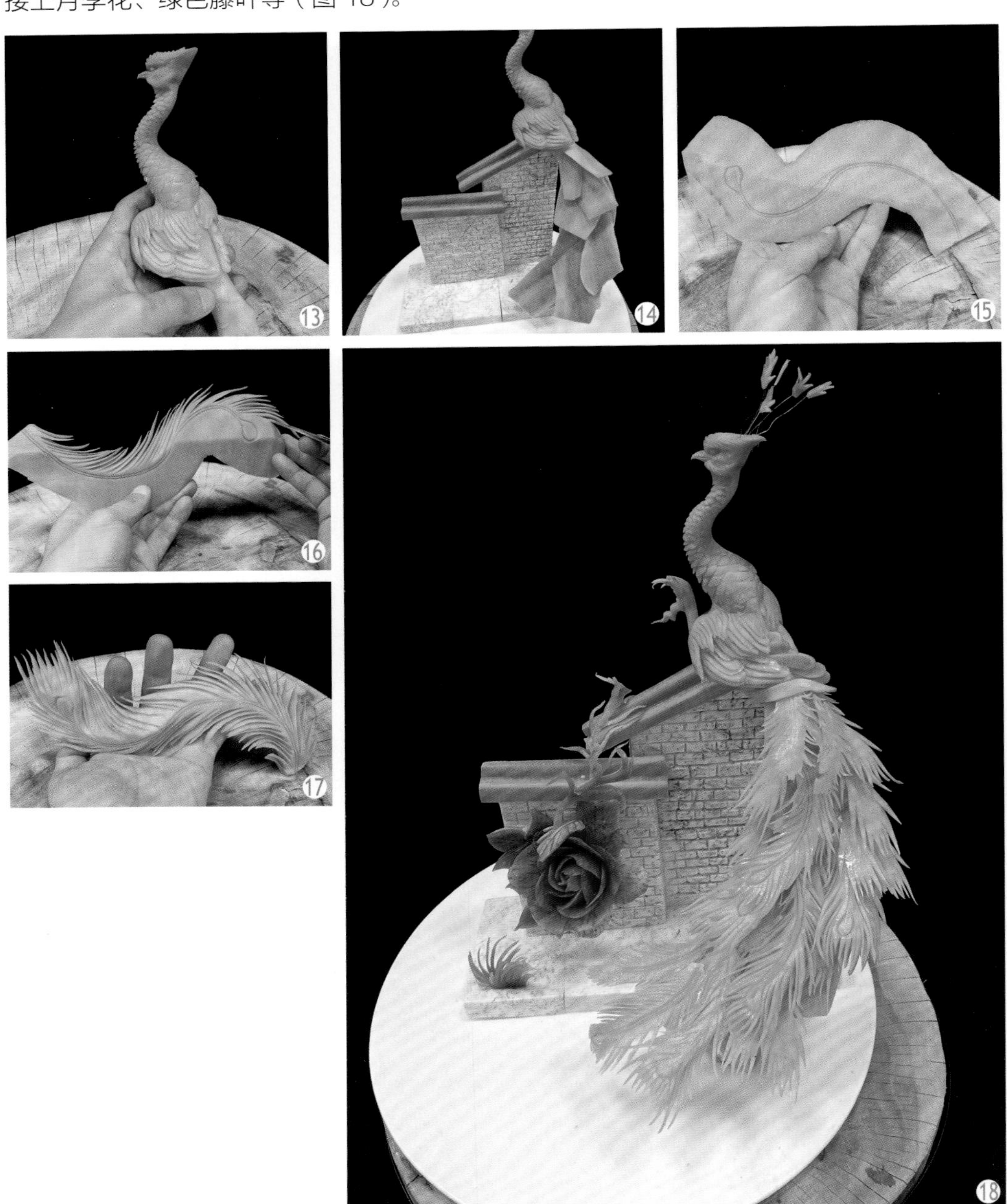

绶带鸟飞

1. 鸟头。将其中一根胡萝卜修成条状，用食用胶粘接在另一根胡萝卜头部（图 1），粗粗修理一下（图 2），用黑笔描画出鸟的形状（图 3），用槽刀修出鸟的轮廓（图 4），细修鸟的嘴部（图 5、图 6），细修鸟的冠部（图 7、图 8），细修鸟的眼睛（图 9），细修鸟头的形状（图 10、图 11）。

2. 鸟身。修出鸟身的轮廓（图 12），刻出鸟颈部的羽毛（图 13），再细刻出鸟身的羽毛（图 14）。

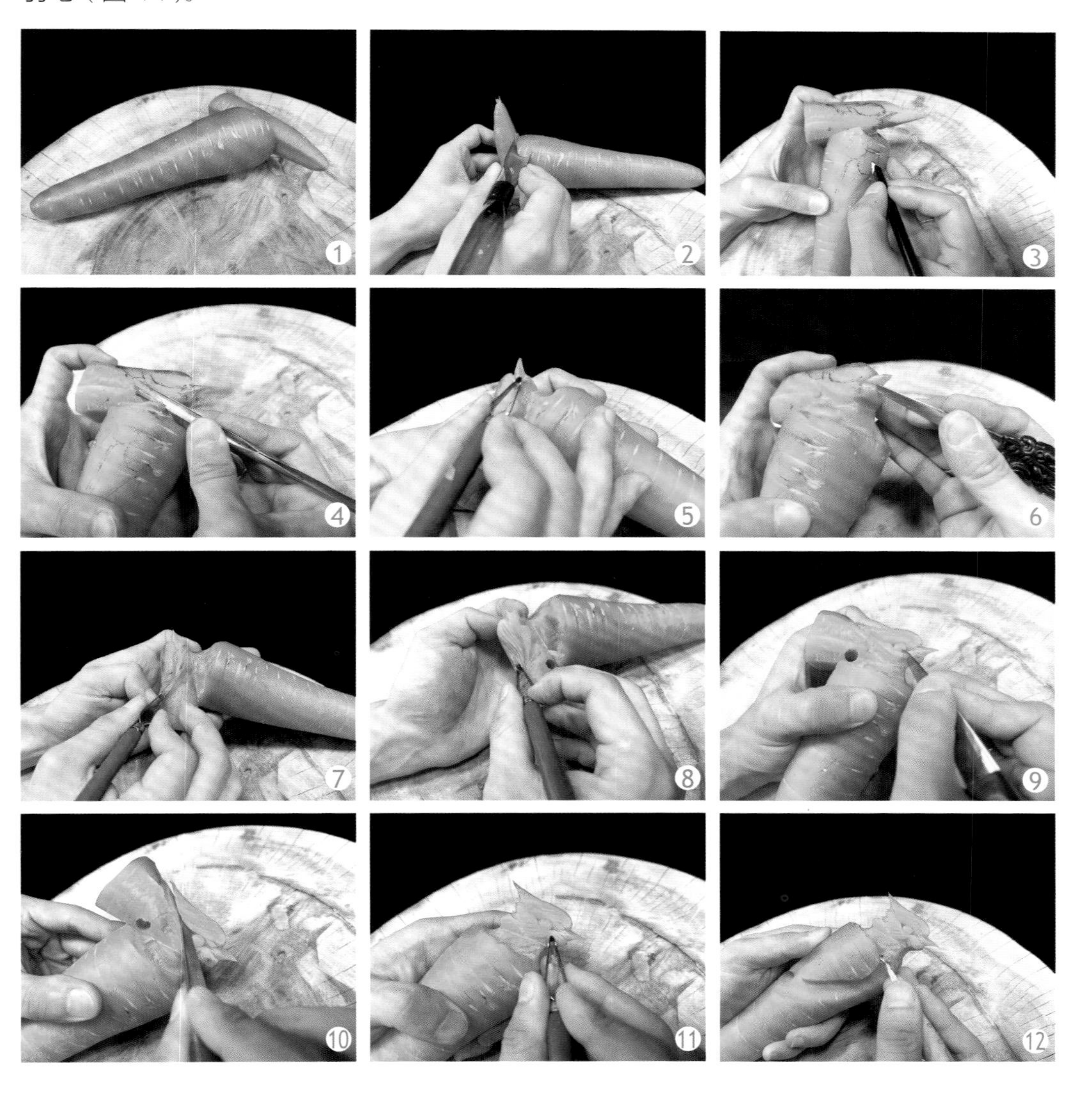

3. 鸟尾。将两段胡萝卜用食用胶粘接在一起（图 15），用黑笔描画出尾羽的形状（图 16），用雕刻刀修出尾羽的形状（图 17），用拉刀修出羽毛的细节（图 18），形成一个完整的尾羽（图 19）。

4. 组合。将尾羽用食用胶粘接在鸟身体上，形成一只完整的鸟（图 20），再将绶带鸟用牙签固定在之前雕刻的竹节上即可（图 21）。

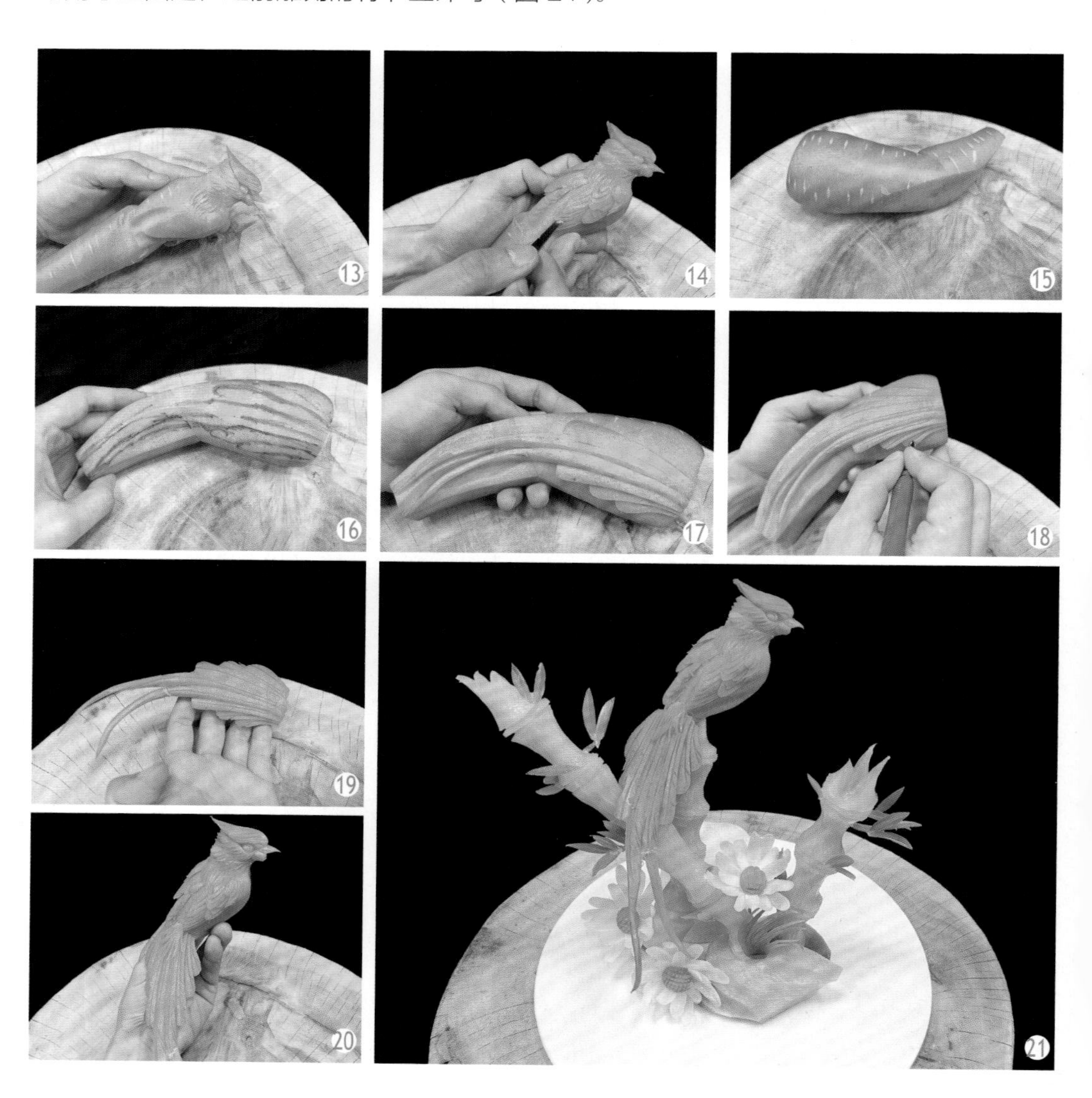

相思情鸟

1. 鸟头。将两段胡萝卜用食用胶粘接在一起（图1），用黑笔描画出鸟的形状（图2），用雕刻刀修出鸟头的轮廓（图3），细修出鸟嘴的形状（图4、图5），细修鸟头的顶部（图6、图7），细修出鸟的眼睛（图8、图9）。

2. 鸟身。修出鸟身的轮廓（图10、图11），细刻出鸟的羽毛（图12～图14）。

3. 组合。将刻出的两只鸟用牙签固定在预先雕刻的画扇上，配上预先刻好的菊花、小桥等（图15）。

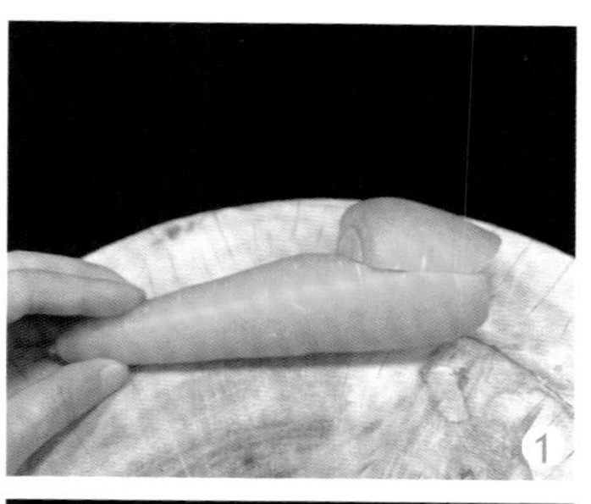

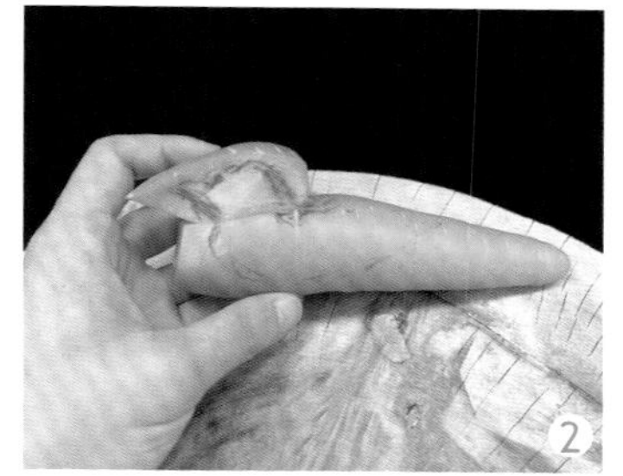

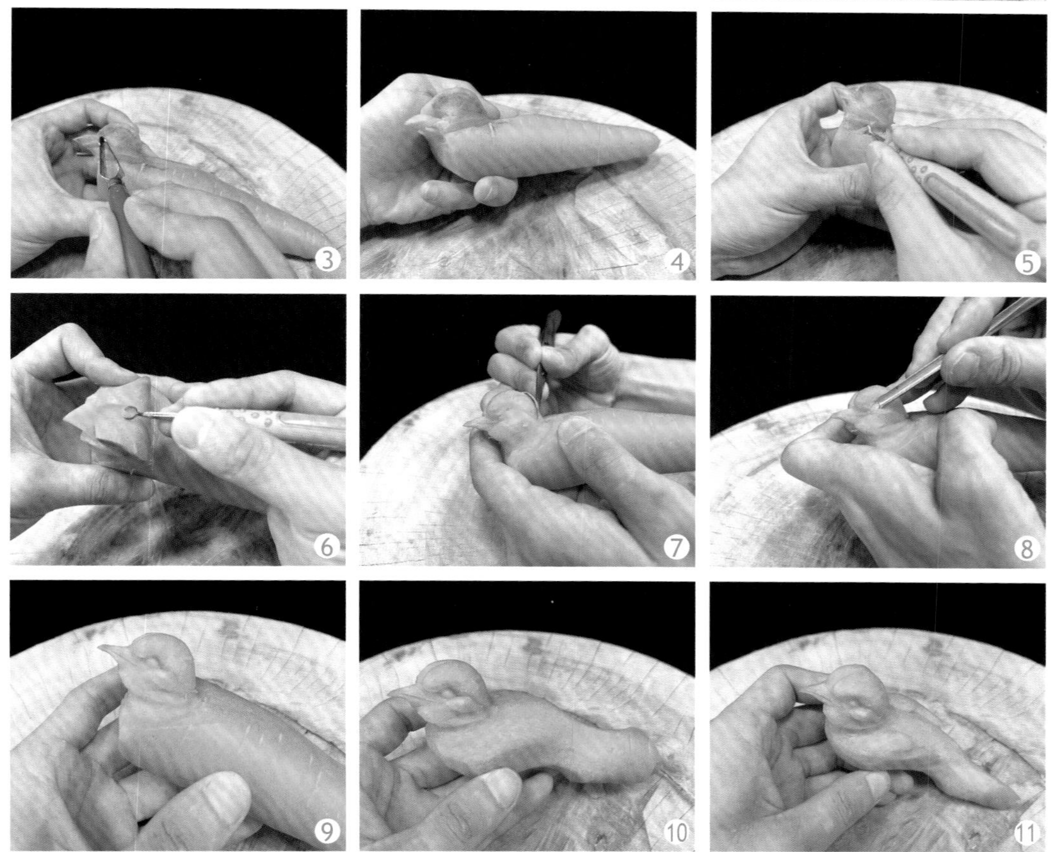

鸳鸯造型

1. 鸳鸯头身。将一根胡萝卜头部修整（图 1），再将修好的胡萝卜段用食用胶粘接在一起，用黑笔描画出鸳鸯的形状（图 2），用雕刻刀刻出鸳鸯的整体轮廓（图 3），再细刻出鸳鸯头的轮廓（图 4）和鸳鸯身的轮廓（图 5、图 6），继续细刻鸳鸯嘴部（图 7），细刻鸳鸯的冠部（图 8、图 9），以及冠部的纹路（图 10），细刻出鸳鸯的眼睛（图 11），细刻眼睛的睑部和部分身体的羽毛（图 12、图 13），用一片青萝卜皮粘接在翅膀羽毛部位（图 14），刻出羽毛（图 15），再用心里美萝卜皮粘接在青羽毛的上部（图 16），刻出羽毛（图 17），用同样方法刻出翅膀红羽毛的上部羽毛（图 18）。

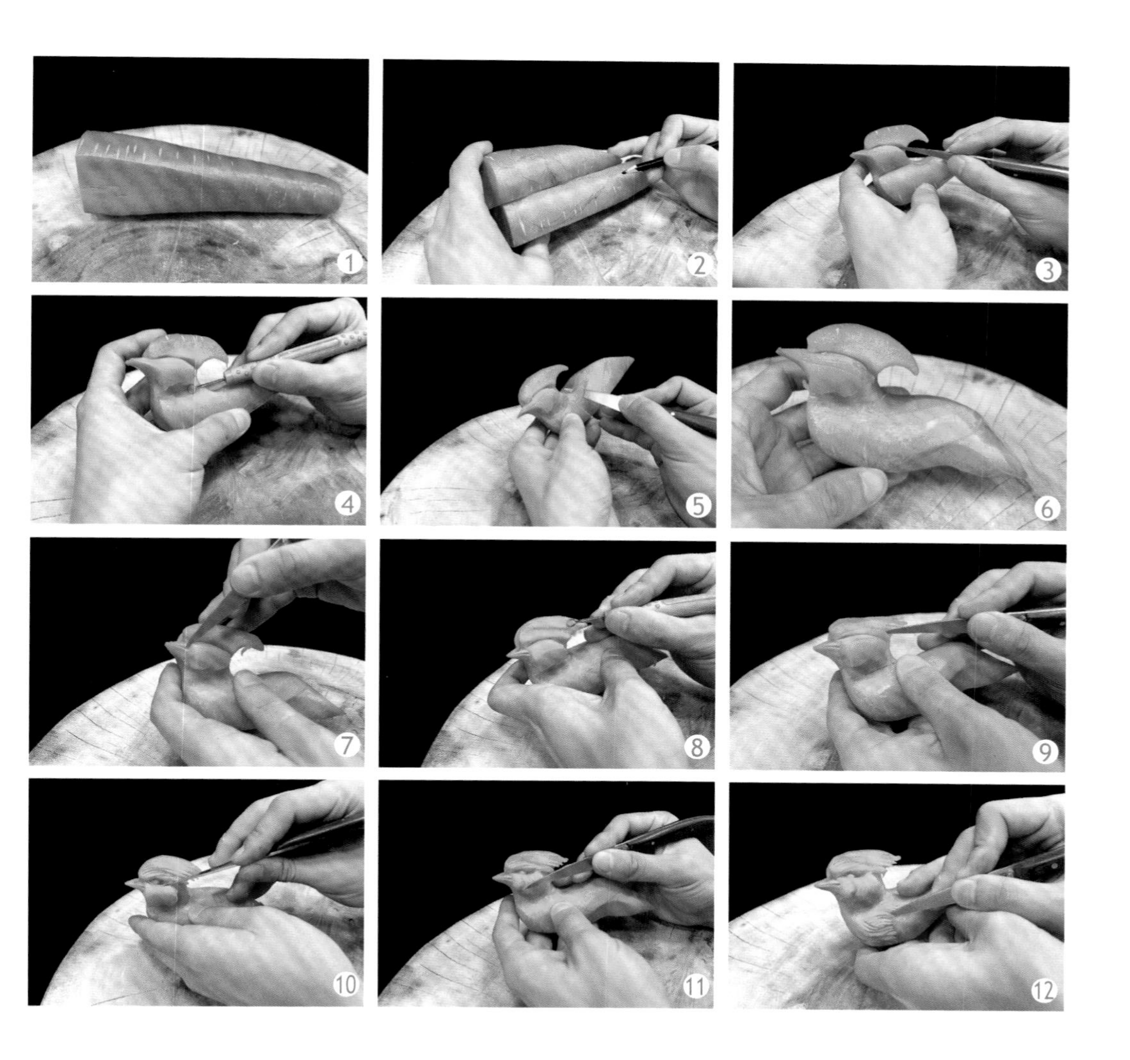

2. 鸳鸯尾羽。将胡萝卜片修成三角形片（图 19），用拉刀拉出羽毛（图 20），粘接在鸳鸯的尾部，粘上颈部羽毛，形成一只完整的鸳鸯造型（图 21）。

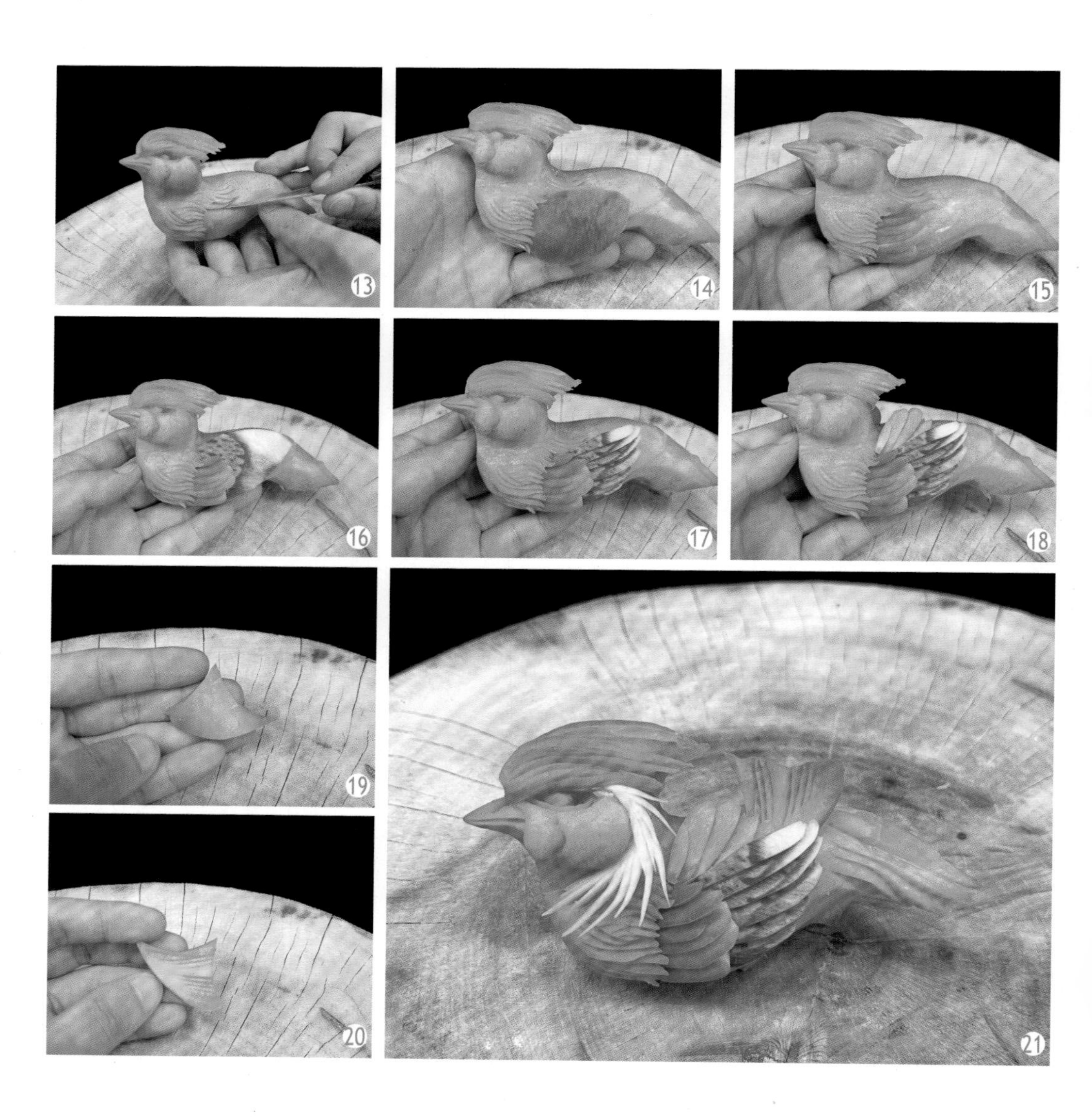

白鹤亮翅

1. 鹤头身。将青萝卜切去一角（图 1），用黑笔描画出鹤头的轮廓（图 2），用一根修好的胡萝卜条用食用胶粘接在头部作嘴（图 3），修出整个鹤头（图 4），用黑笔描画出鹤身的轮廓（图 5、图 6），刻出整个身体（图 7），装上眼睛和刻出尾羽（图 8）。

2. 鹤翅。取一半青萝卜，用黑笔描画出鹤翅膀的轮廓（图 9），刻出翅膀上小羽毛（图 10），刻出短羽和长羽（图 11、图 12），做出一个翅膀；取另一片青萝卜，刻出羽毛的轮廓（图 13），刻出另一侧翅膀（图 14）。

3. 组合。用食用胶粘接在鹤身两侧，作亮翅状，配上刻制的白云、小草和太阳即可（图 15）。

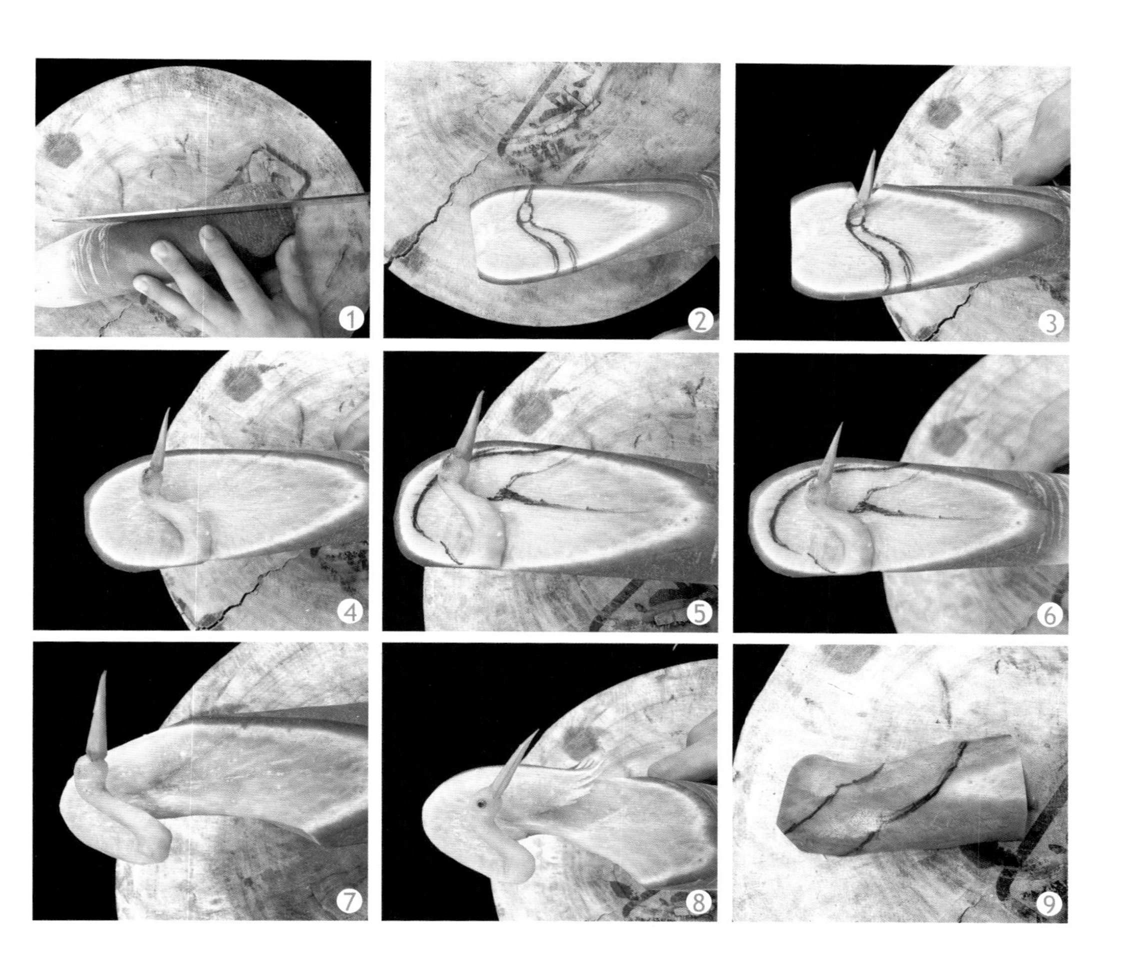

屋檐麻雀

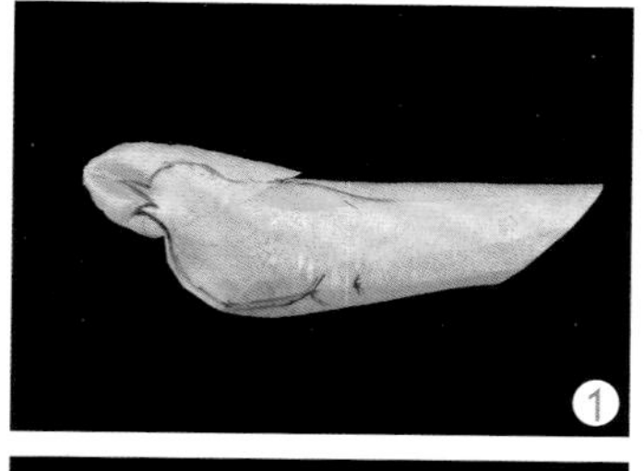

1. 麻雀。将胡萝卜刻成麻雀的粗轮廓，用黑笔描画出麻雀的形状（图 1），刻出麻雀的粗坯（图 2），刻出翅膀的轮廓（图 3、图 4），刻出翅膀上的羽毛（图 5），刻出尾复羽（图 6），用青萝卜刻出麻雀的尾羽（图 7），用食用胶粘接在麻雀的尾部，即成麻雀造型（图 8）。

2. 组合。将麻雀用牙签安放在预先刻制的小墙屋檐之上（图 9）。

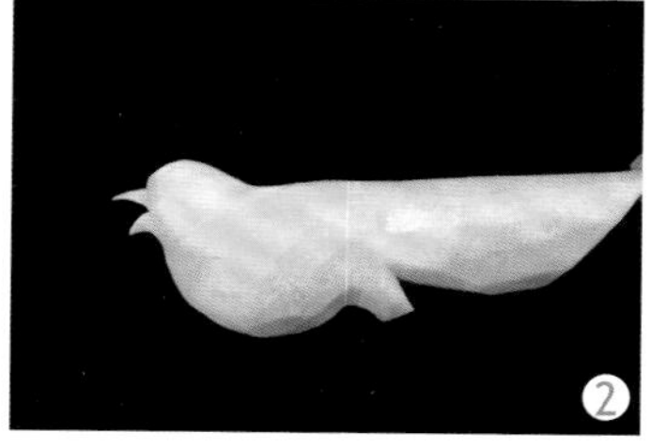

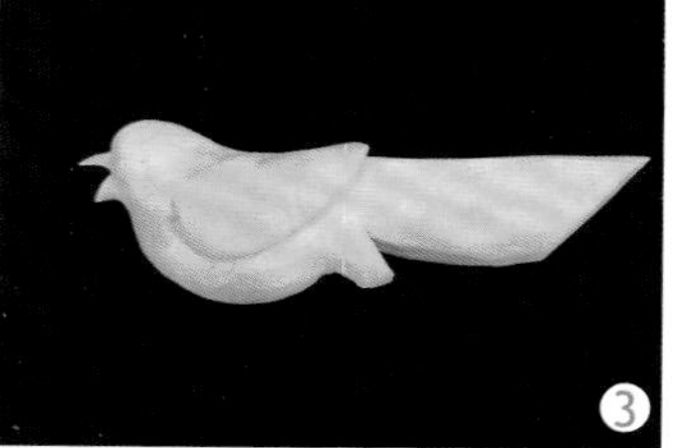

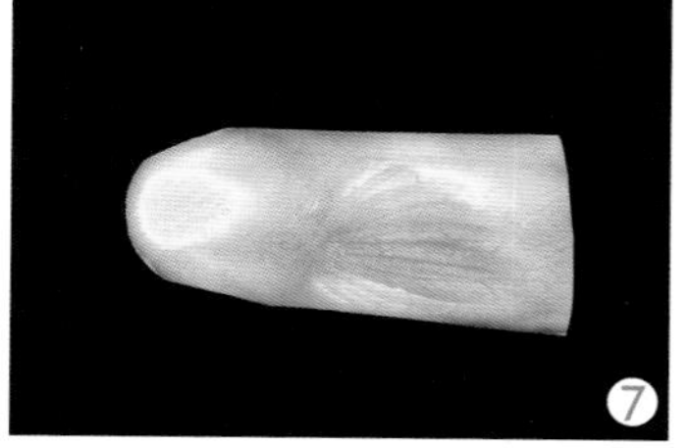

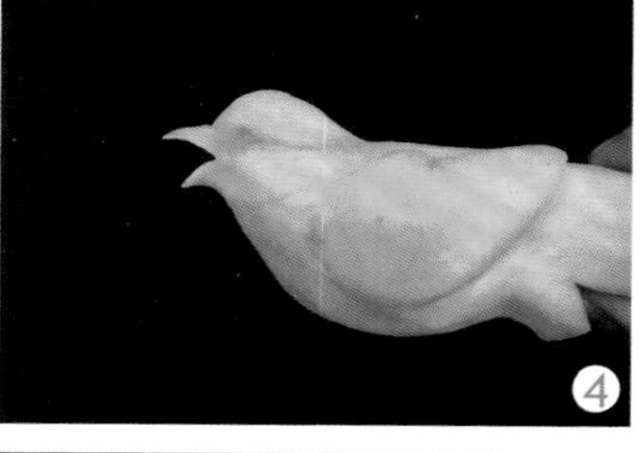

（二）鱼类

金鱼憨憨

1. 金鱼头身。将一段南瓜修去外皮（图 1），用黑笔描画出金鱼的外形（图 2），用雕刻刀刻出金鱼的外形（图 3、图 4），用圆环拉刀拉出金鱼颈部（图 5），用雕刻刀修出头部细节（图 6），修出身体外形（图 7 ~ 图 9），打磨成光滑的身坯（图 10 ~ 图 12），细化头部特征（图 13、图 14），刻出头冠（图 15、图 16），细化下颌的特征（图 17、图 18），刻出鱼鳞（图 19）。

2. 金鱼尾羽。用另一块南瓜粘接在鱼身上，用黑笔描画出金鱼尾鳍的形状（图 20），刻出尾鳍和背鳍的细节（图 21、图 22），修出腹鳍（图 23），点缀荷叶及水纹（图 24）。

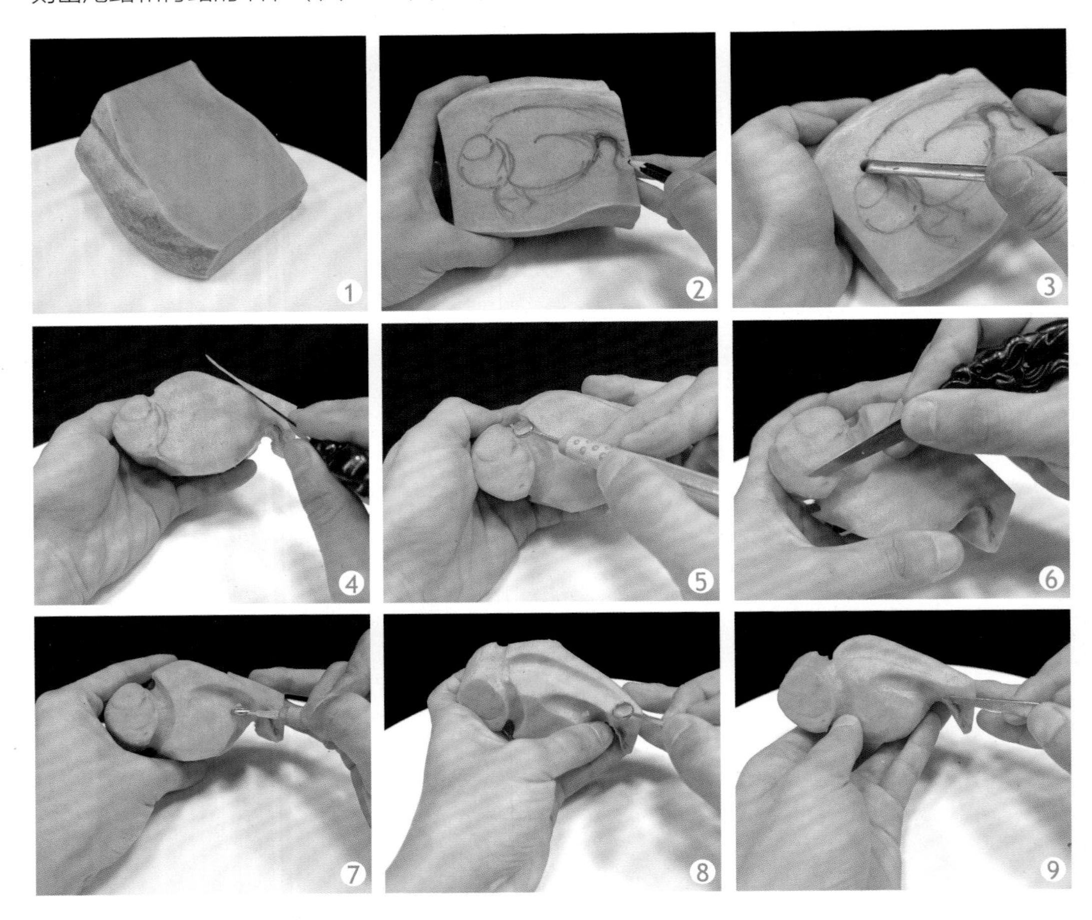

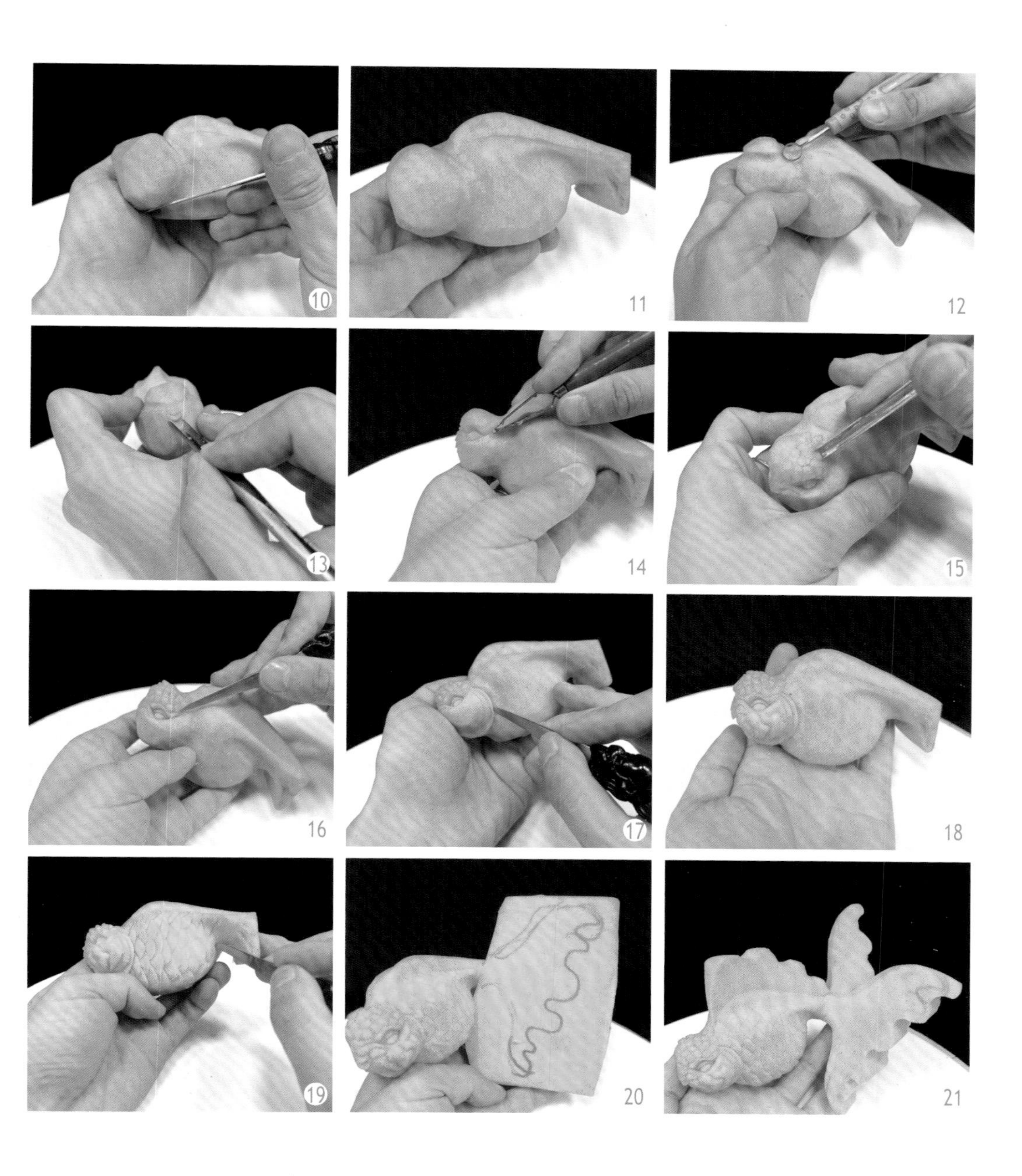
10
11
12
13
14
15
16
17
18
19
20
21

绿色鲤鱼

1. 鲤鱼头身。将两段青萝卜用食用胶粘接在一起（图 1），用雕刻刀修出鲤鱼的大致形状（图 2），继续细刻鲤鱼的外形（图 3 ~ 图 5），用槽刀刻出鱼嘴的位置（图 6），用拉刀拉出鱼鳍的位置（图 7），刻出鱼鳃的位置（图 8），刻出鳃部细节（图 9、图 10），刻出鱼眼的位置（图 11），细刻出鱼鳞（图 12）和尾鳍（图 13）。

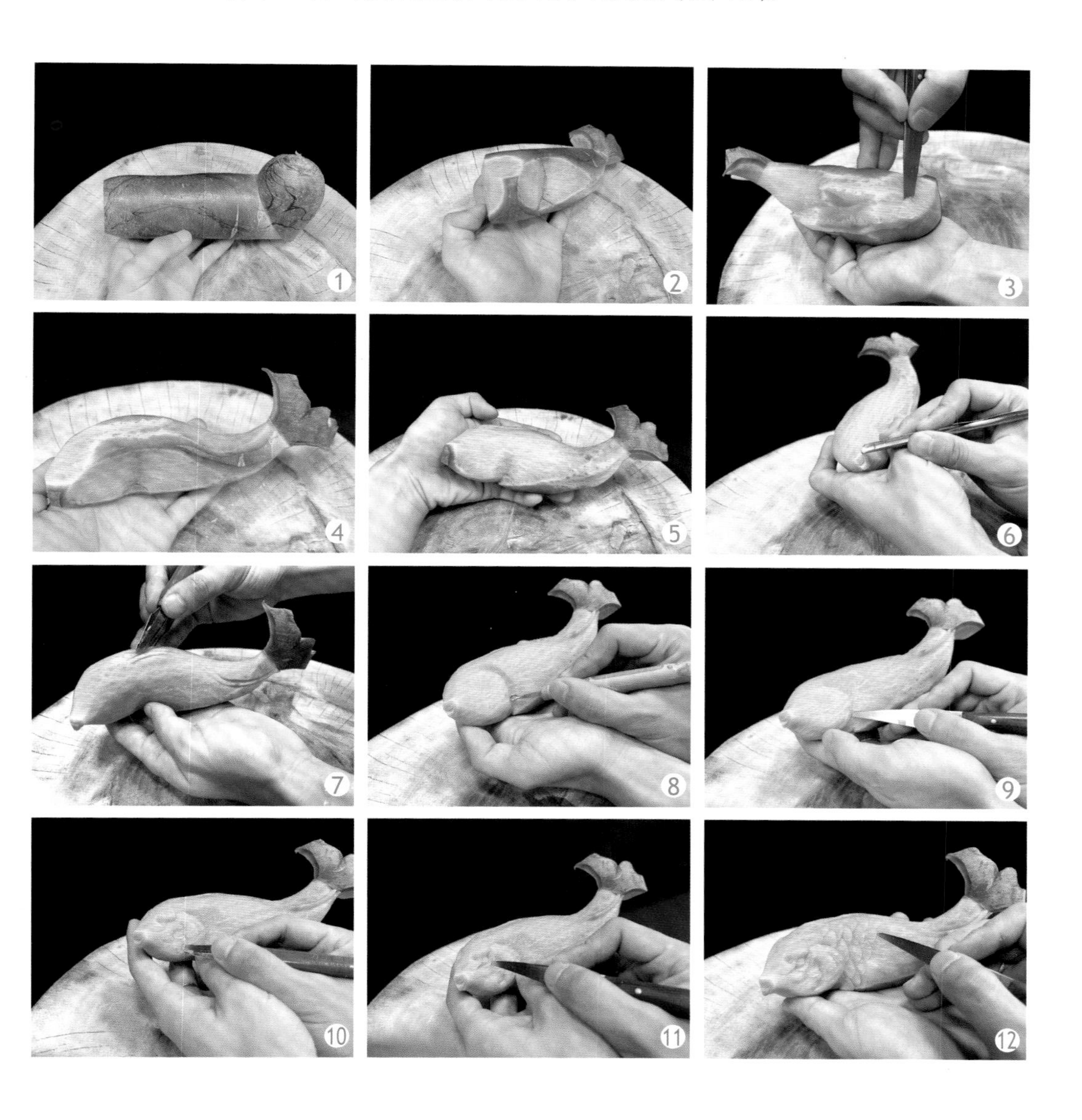

2. 鲤鱼鱼鳍。另取一片青萝卜，刻出鱼背鳍的形状（图 14、图 15），粘接在预先拉出的鱼鳍槽中（图 16），再取一片青萝卜，刻出鱼胸鳍和腹鳍的形状（图 17、图 18），粘接在鲤鱼的胸腹部，最后粘接上鲤鱼的须即可（图 19）。

神仙鱼乐

1. 神仙鱼头身。将两个胡萝卜切开两个面，用食用胶粘接在一起（图 1），再用两个胡萝卜斜段粘接在两侧，并用黑笔描画出神仙鱼的轮廓（图 2），用雕刻刀刻出神仙鱼的大致轮廓（图 3），稍微细修造型（图 4），进一步精修表面（图 5），修出鱼嘴的位置（图 6），修出鱼鳍的花纹（图 7），修出鱼眼的位置（图 8、图 9），修出鱼鳃的位置（图 10），拉出腹鳍的细纹（图 11），拉出胸鳍和尾鳍的细纹，以及刻出鱼鳞（图 12），即成一条完整的神仙鱼（图 13）。

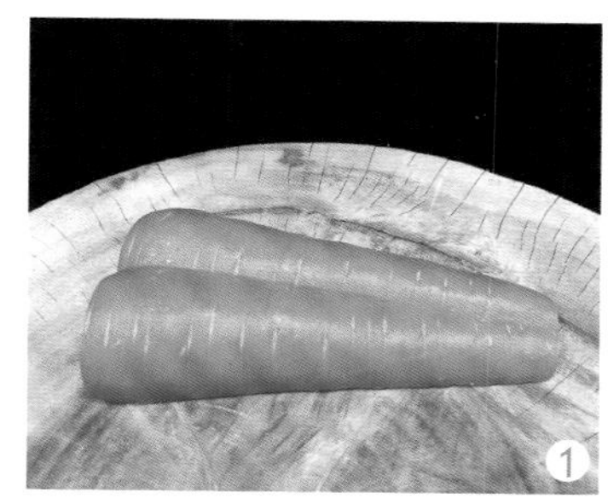

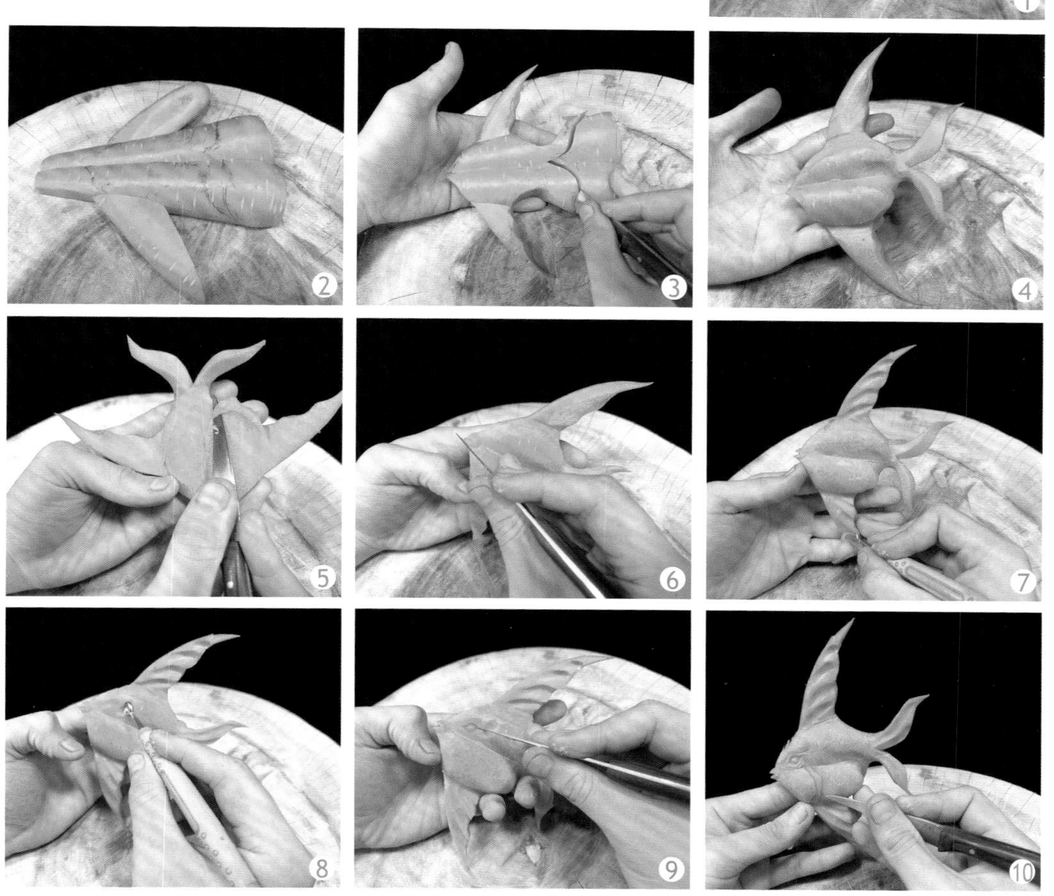

2. 组合。将神仙鱼与预先刻好的水草、荷花、荷叶用牙签固定在一起，营造出水底世界的感觉（图 14）。

虾子戏浪

1. 虾子头身。将胡萝卜切成长条块状，用黑笔描画出虾子的形状（图 1），再用雕刻刀刻出虾子的轮廓（图 2、图 3），用黑笔描画出虾背壳的位置（图 4），刻出虾背壳的形状（图 5），刻出虾头部的触须（图 6），刻出虾胸腹部的触须（图 7），刻出虾头下面的须足（图 8），刻出虾眼部位即成一只完整的虾（图 9），装上虾眼（图 10）。

2. 虾钳。取两片胡萝卜（图 11），用黑笔描画出虾钳的轮廓（图 12），刻出虾钳（图 13），用食用胶粘接在虾头部位。

3. 组合。将刻好的整只虾粘接在预先刻好的波浪宝瓶上即可（图 14）。

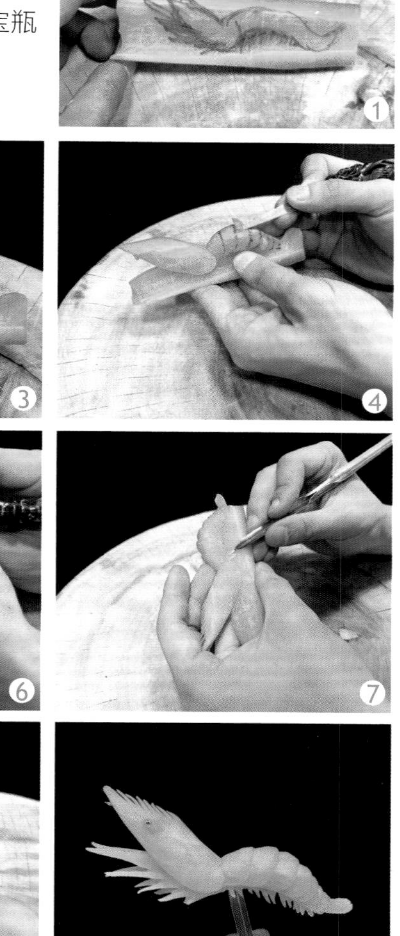

1

2

3

4

5

6

7

8

9

10

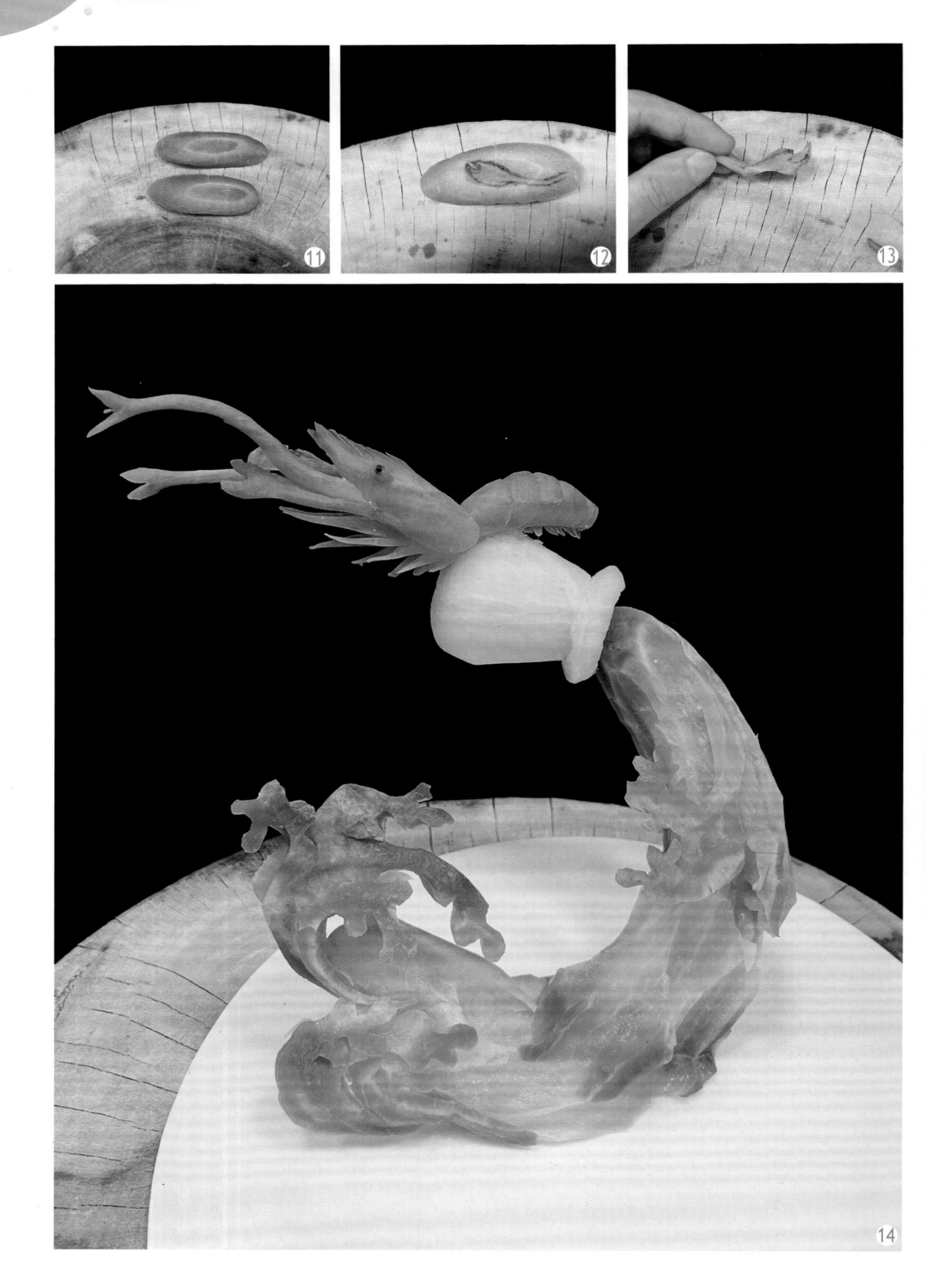

（三）虫类

蝈蝈亭影

1. 蝈蝈。切一段青萝卜，描画出蝈蝈的轮廓（图 1），刻出蝈蝈的整个身形（图 2），修出蝈蝈头（图 3），修出翅膀（图 4）。另取一片青萝卜皮，用黑笔描画出蝈蝈腿的外形（图 5），刻下腿部（图 6），用食用胶粘接在蝈蝈身上（图 7），装上眼睛和触须即可（图 8）

2. 组合。将蝈蝈粘接在预先雕刻的亭上即可（图 9）。

9

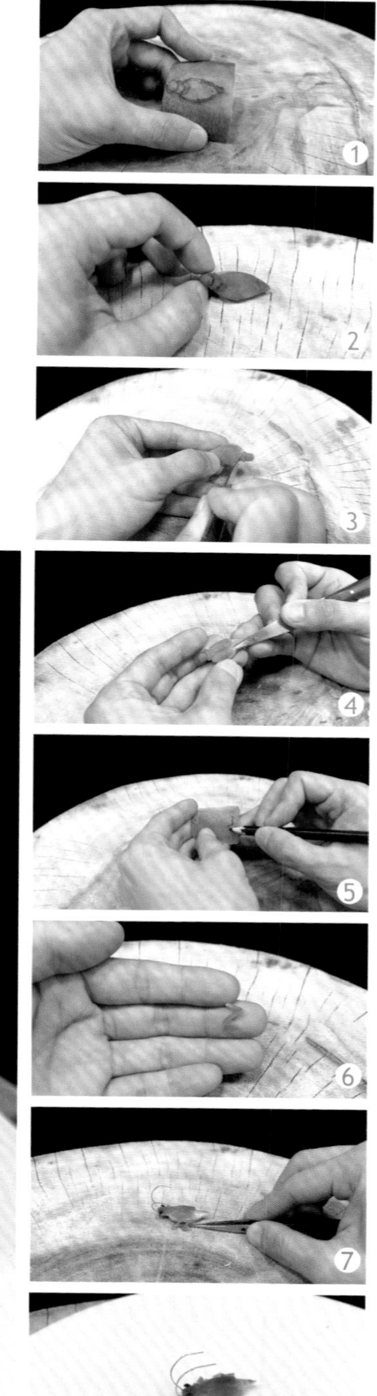

8

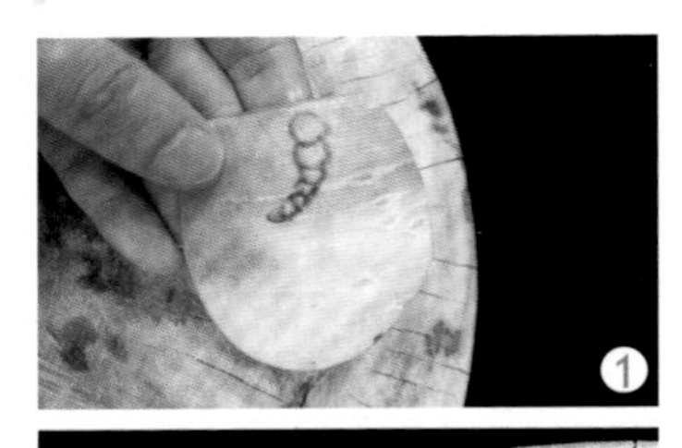

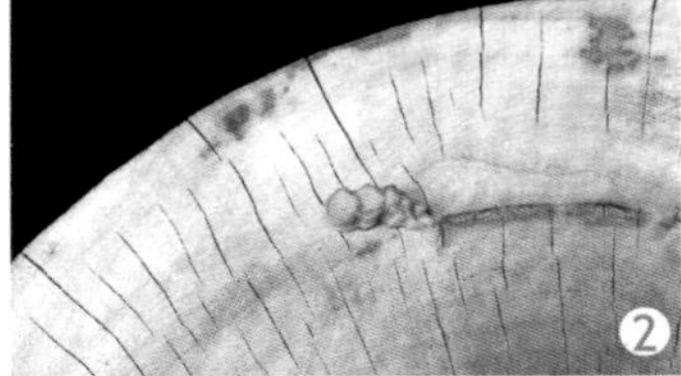

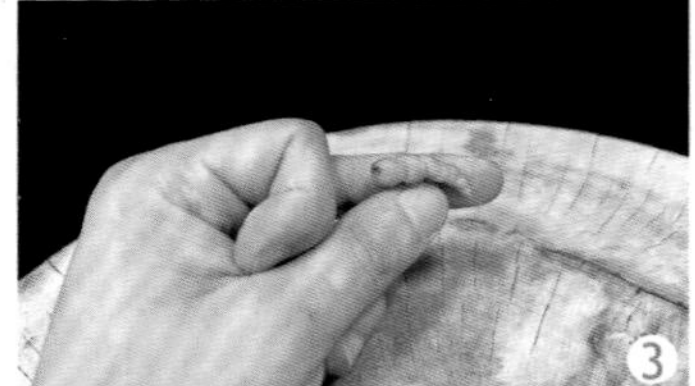

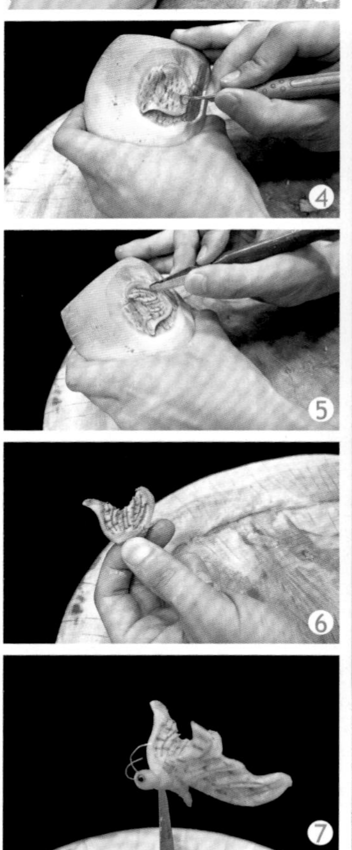

蝴蝶书香

1. 蝴蝶头身。将心里美萝卜切一半，用黑笔在外皮上描画出蝴蝶的身体形状（图1），用雕刻刀修出蝴蝶身体的粗坯（图2），细刻成一节一节的仿真身坯（图3）；用雕刻刀在心里美萝卜表面刻出蝴蝶翅膀的外形，用两种拉刀拉出翅膀上的细纹（图4、图5），然后刻下（图6），用食用胶粘接在蝴蝶身体上，装上触须和眼睛（图7）。

2. 组合。将蝴蝶用牙签固定在预先刻好的花朵与书本的底座上即可（图8）。

（四）兽类

动如脱兔

1. 兔头。切一段胡萝卜，用黑笔描画出兔头的轮廓（图 1），用雕刻刀刻出兔头的粗坯（图 2），细修兔头（图 3），刻出兔眼（图 4）。

2. 兔身。将兔头与几段胡萝卜用食用胶粘接在一起，拼接成兔子的外形，再用黑笔描画出兔子的轮廓（图 5），刻出兔子的粗坯（图 6），细刻出兔子的足（图 7、图 8），用食用胶粘接上兔子的尾巴（图 9）。

3. 兔耳。将一段胡萝卜修成兔耳的外形（图 10），一切成两半，用食用胶粘接在兔头脑后（图 11），用拉刀拉出兔子的耳窝（图 12）。

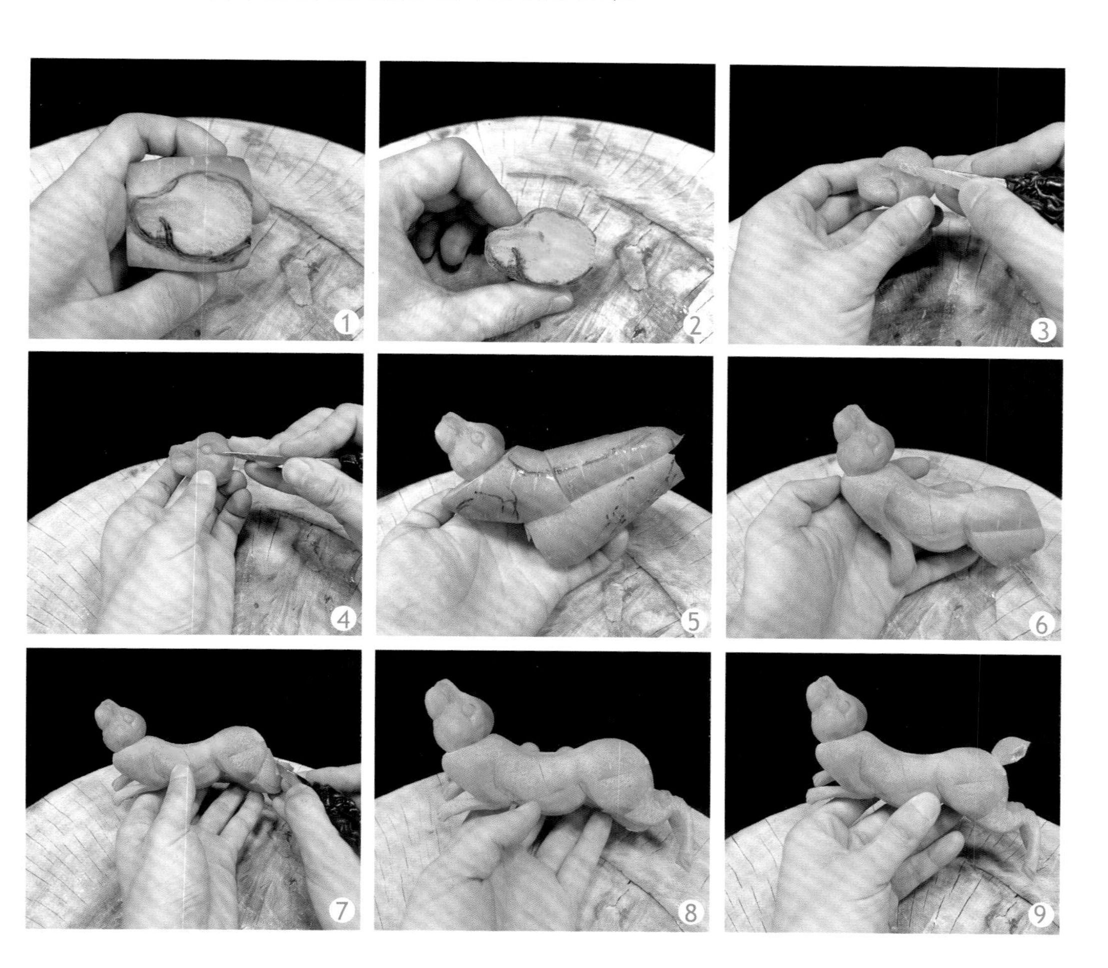

4. 组合。将刻好的兔子用牙签固定在预先刻好的假山石上，点缀上小草、小胡萝卜即可（图 13）。

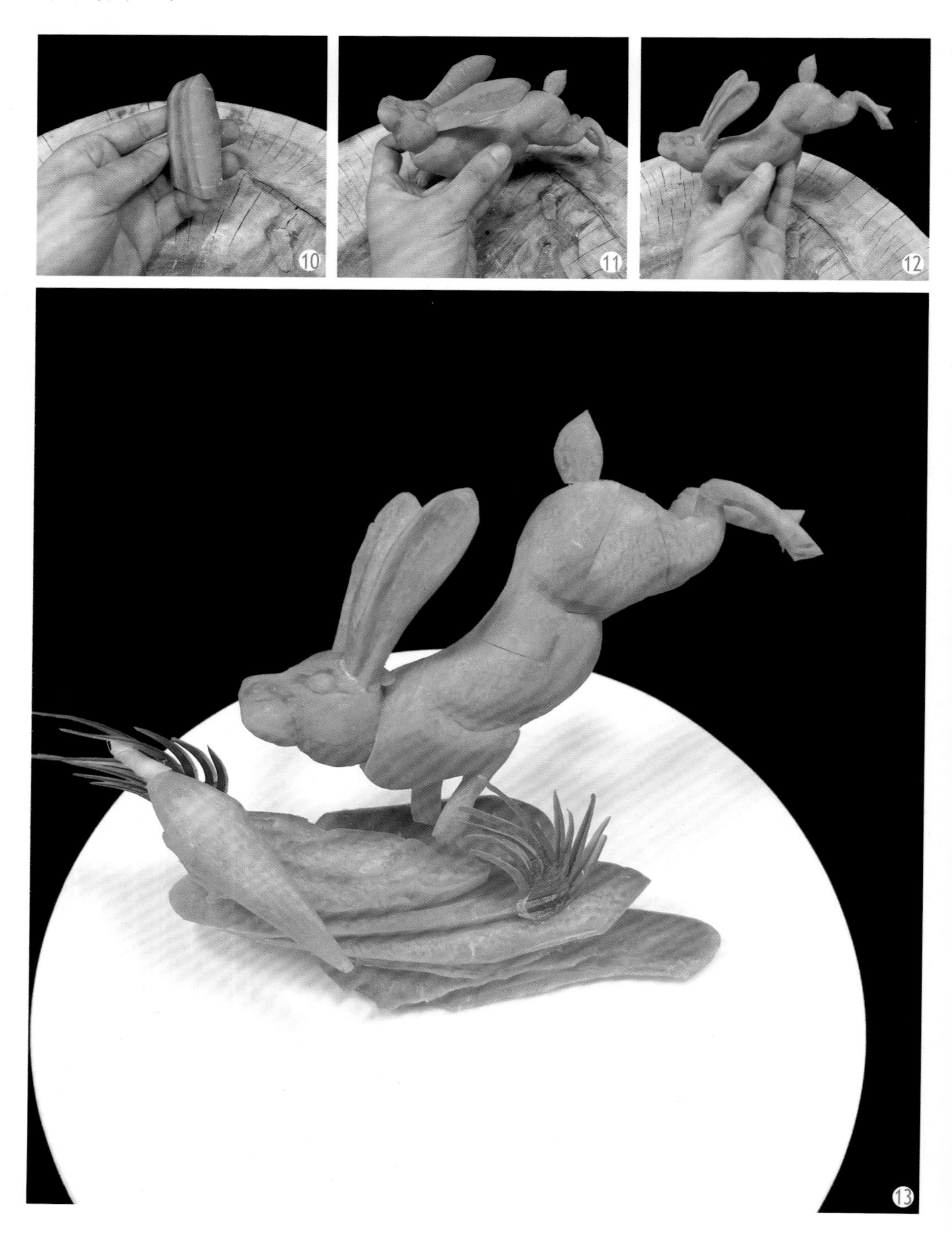

龙腾盛世

1. 龙头。将心里美萝卜刻成图示的锯齿状（图 1），细修额头部位（图 2），修出面颊部位（图 3），修出眼睛部位（图 4、图 5），修出鼻子部位（图 6、图 7）；用黑笔描画出脸的下颌部位轮廓（图 8），用雕刻刀慢修轮廓（图 9、图 10），刻出下巴位置（图 11），刻出牙齿（图 12、图 13），刻出口腔部位（图 14、图 15），刻出额头部位细纹（图 16），刻出耳朵部位（图 17、图 18）；另取一片心里美萝卜刻出耳朵的轮廓（图 19），掏出耳窝（图 20）；再取一片心里美萝卜刻出头角的形状（图 21、图 22），用食用胶将耳朵和头角

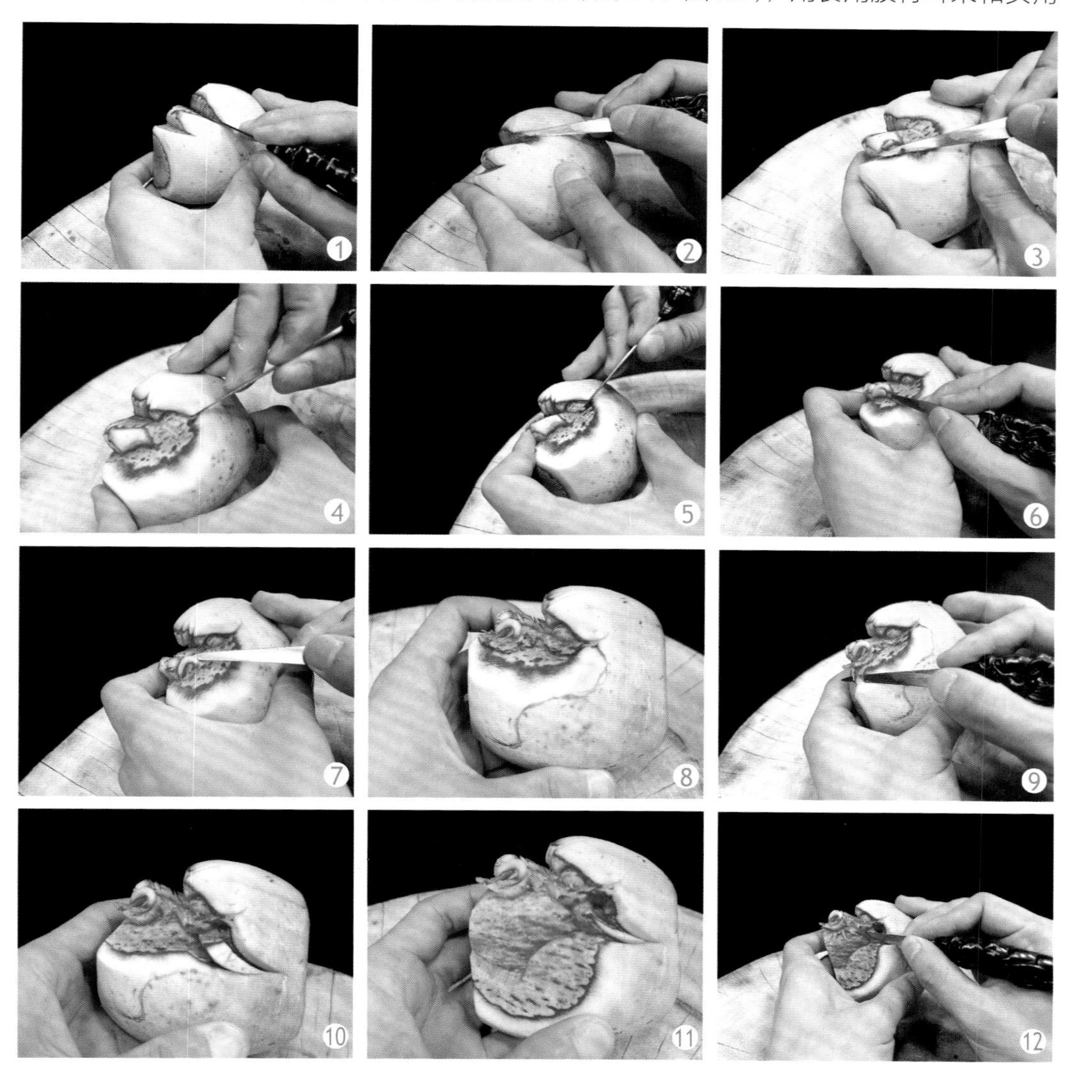

粘接在龙头上（图 23），插上铅丝制作的龙须，同时粘上萝卜刻制的龙须（图 24）。

2. 龙身。将几段弯曲的心里美萝卜用食用胶粘接在一起形成龙身的轮廓（图 25），继续细修（图 26），用拉刀拉出龙脊的位置（图 27），继续修光滑（图 28），刻出龙鳞（图 29）。

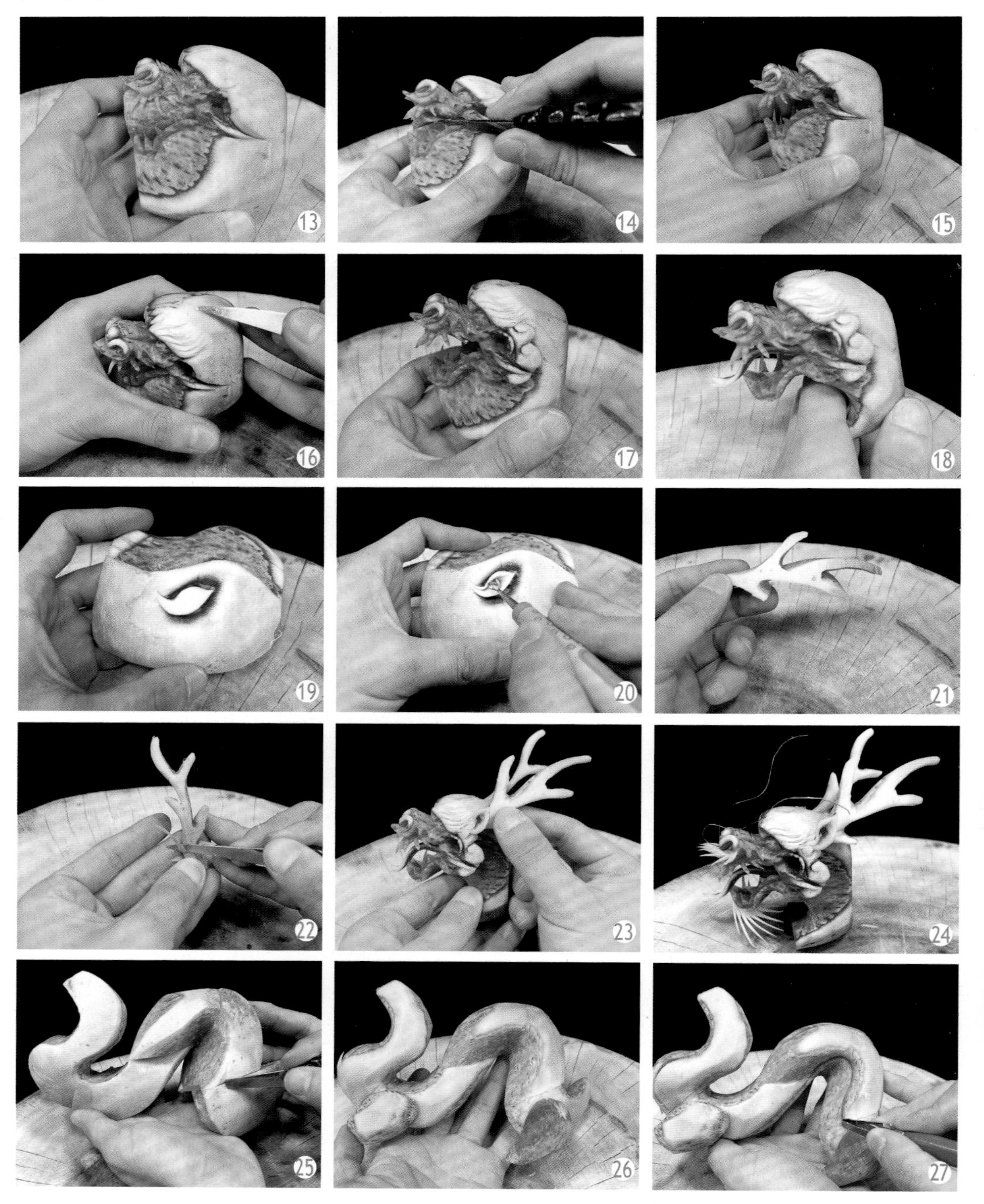

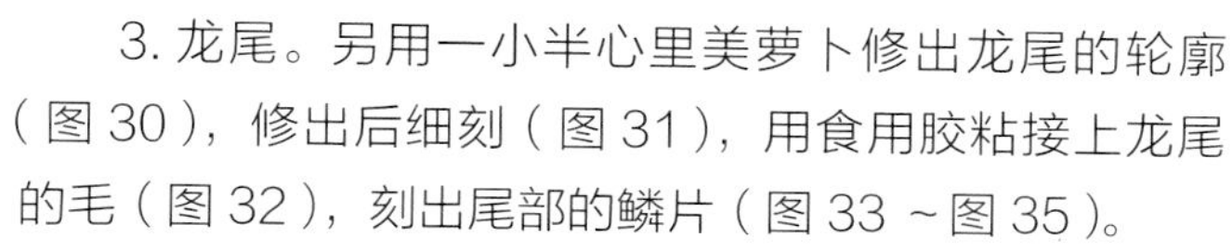

3. 龙尾。另用一小半心里美萝卜修出龙尾的轮廓（图 30），修出后细刻（图 31），用食用胶粘接上龙尾的毛（图 32），刻出尾部的鳞片（图 33 ~图 35）。

4. 组合。将龙尾粘接在龙身上（图 36），安装上龙头和爪部（图 37），整体用牙签固定在心里美萝卜刻制的祥云底座上即可（图 38）。

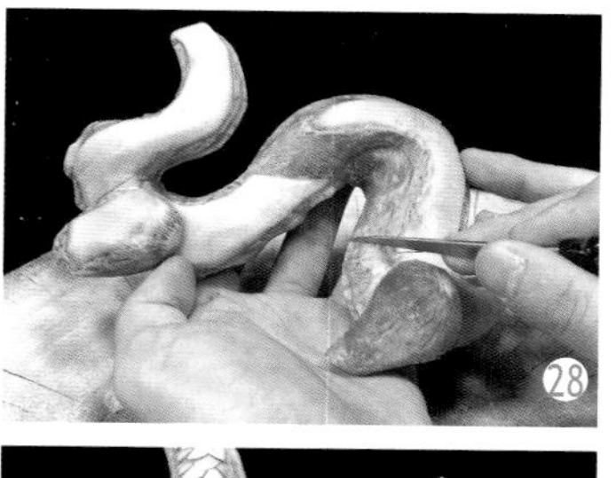
28

29

30

31

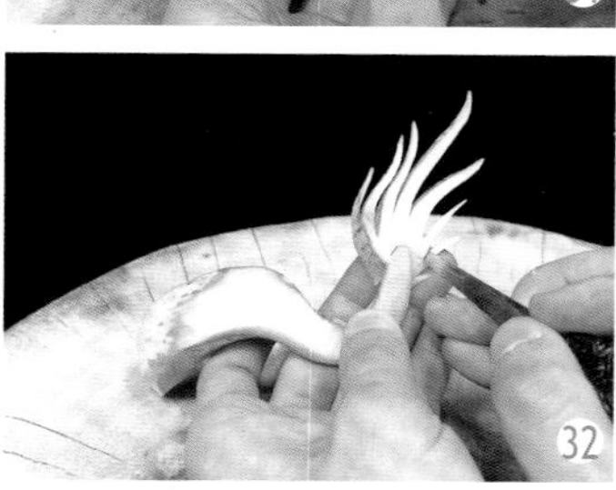
32

33

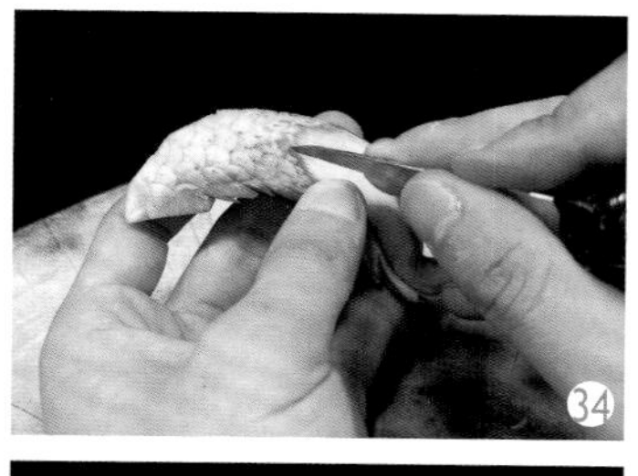
34

35

36

37

38

松鼠搬家

1. 松鼠头身。将四段胡萝卜两两用食用胶粘接在一起，一个准备做身体，另一个准备做尾巴（图 1），另取一段胡萝卜块，用黑笔描画出松鼠头的轮廓（图 2），用雕刻刀刻出头部的粗坯（图 3），取一段粘接在一起的胡萝卜段，用黑笔描画出松鼠的身体轮廓（图 4），将松鼠头粗坯粘接在身体上（图 5），刻出松鼠的身体（图 6）。

2. 松鼠尾巴。取另一段胡萝卜块（图 7），刻出尾巴的初步形状（图 8），用食用胶粘接在松鼠身体上（图 9），刻出松鼠下肢（图 10），刻出松鼠上肢（图 11），细修尾巴部位（图 12），刻出眼窝（图 13），刻出眼睛（图 14），装上眼珠（图 15），形成完整的一只松鼠（图 16）。

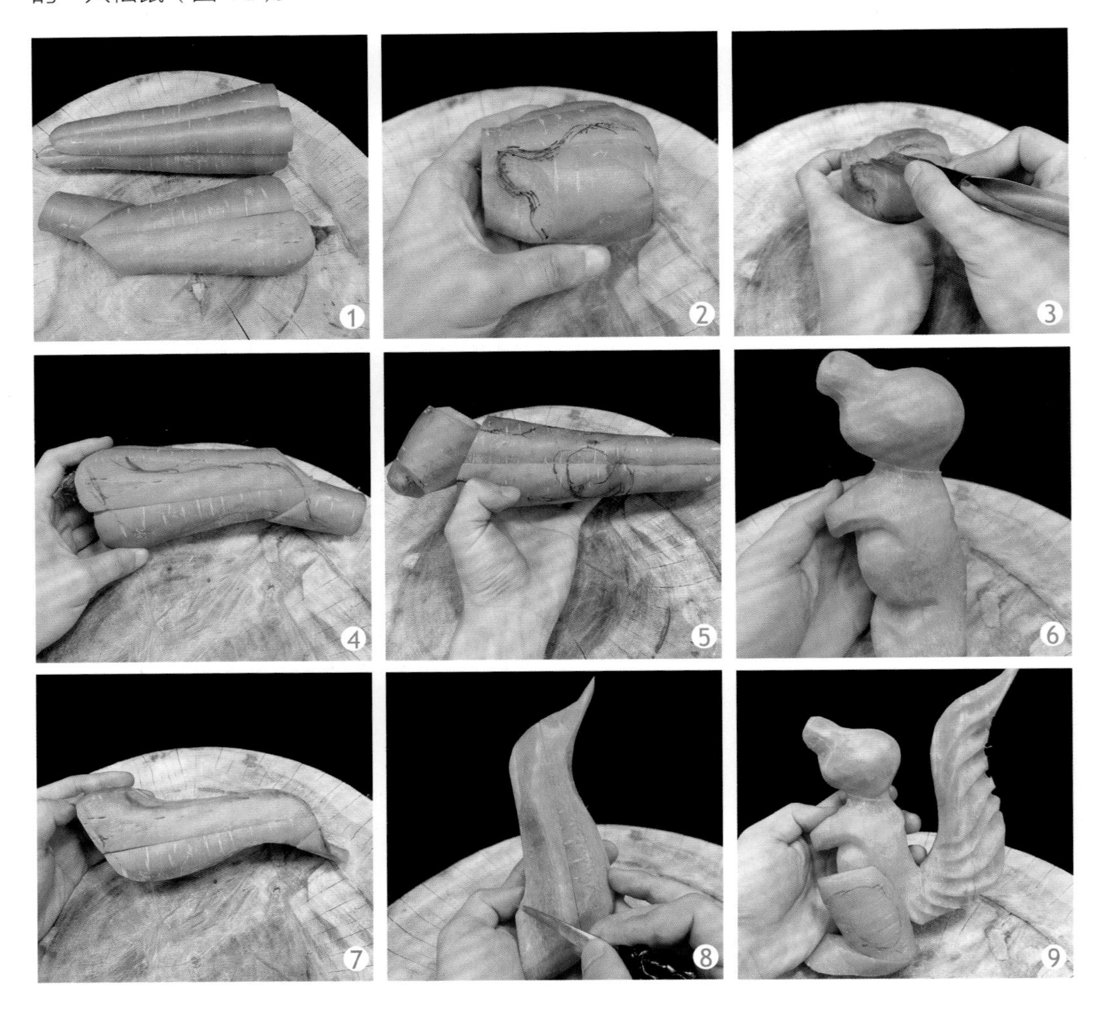

3. 组合。将松鼠安装在预先刻好的墙垛旁，配上鲜花和小蘑菇等装饰（图 17）。

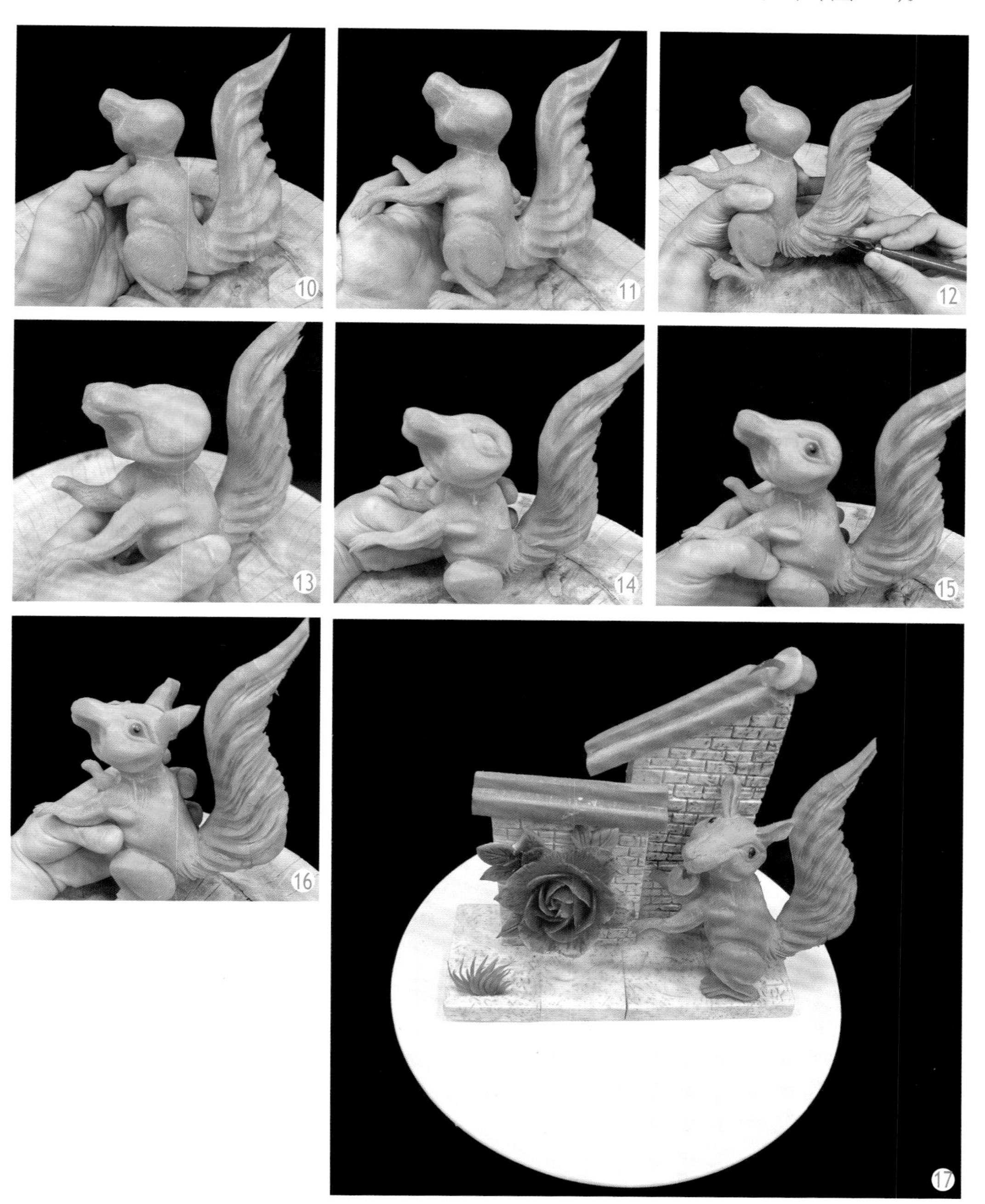

战马奔腾

1. 马头。将芋头切成一头粗一头细的台体（图 1），用黑笔描画出马头的轮廓（图 2），用雕刻刀刻出马头的粗坯（图 3），继续细修（图 4），修出马脖子（图 5），修出马眼睛的位置（图 6），修出马嘴（图 7），修出马鼻子（图 8），修出马额头（图 9、图 10），修出马下巴（图 11），修出马眼睛（图 12）。将一小块芋头用食用胶粘接在后脑处，修出马后脖（图 13），将两小块芋头用食用胶粘接在耳朵的位置（图 14），细刻出耳朵（图 15）。

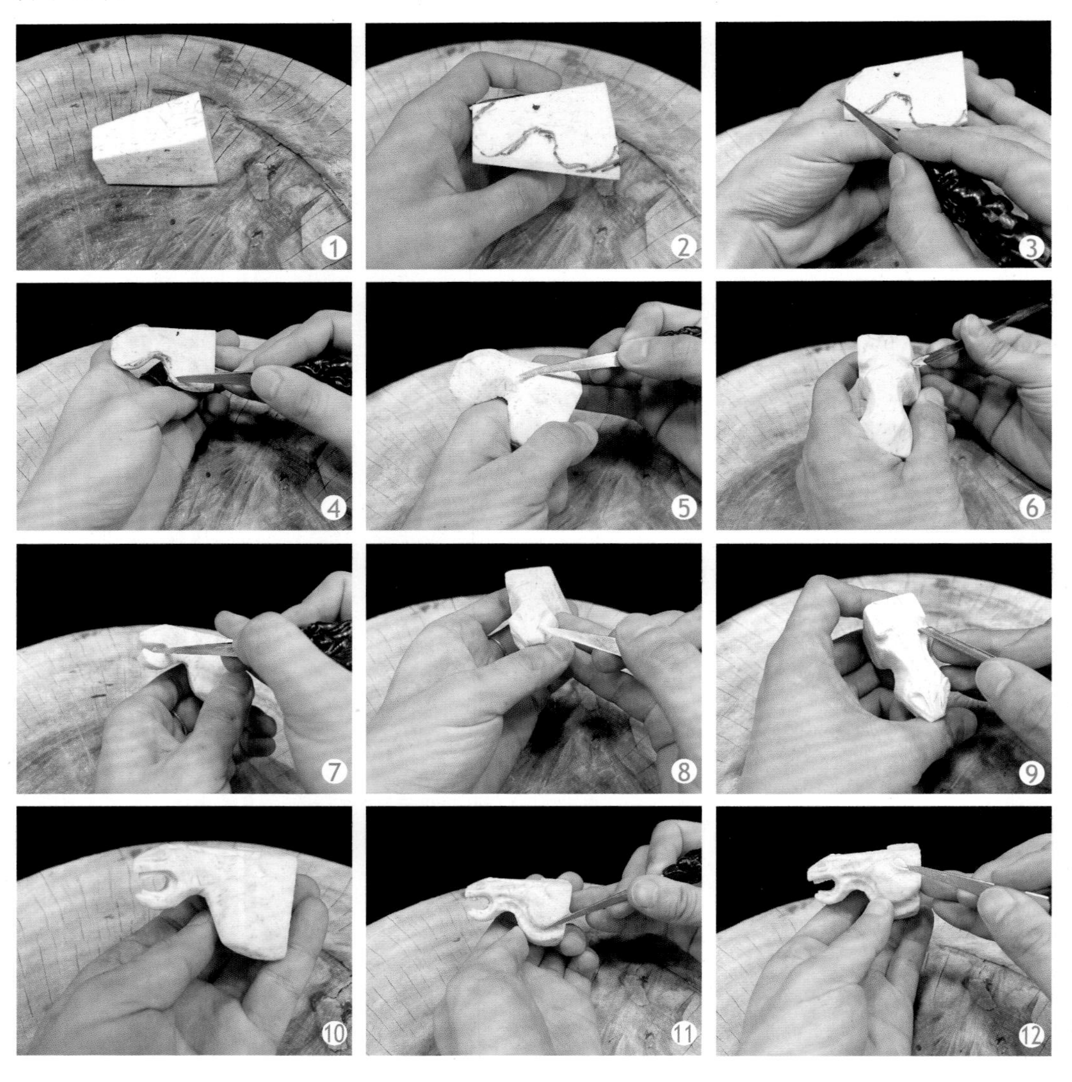

2. 马身。将一大块芋头用食用胶粘接在马脖子处，用黑笔描画出马身体的轮廓（图 16），刻出马身的粗坯（图 17），细刻出马身的轮廓（图 18），刻出马前蹄，粘接在前身（图 19），刻出马后蹄，粘接在后身（图 20）。

3. 马尾。将一小长条芋头刻出马尾（图 21），用食用胶粘接在马屁股处（图 22），刻出马的鬃毛（图 23），粘接在马后脑及马脖子处（图 24）。

4. 组合。将战马用牙签固定在芋头刻制的假山上，点缀上小草即可（图 25）。

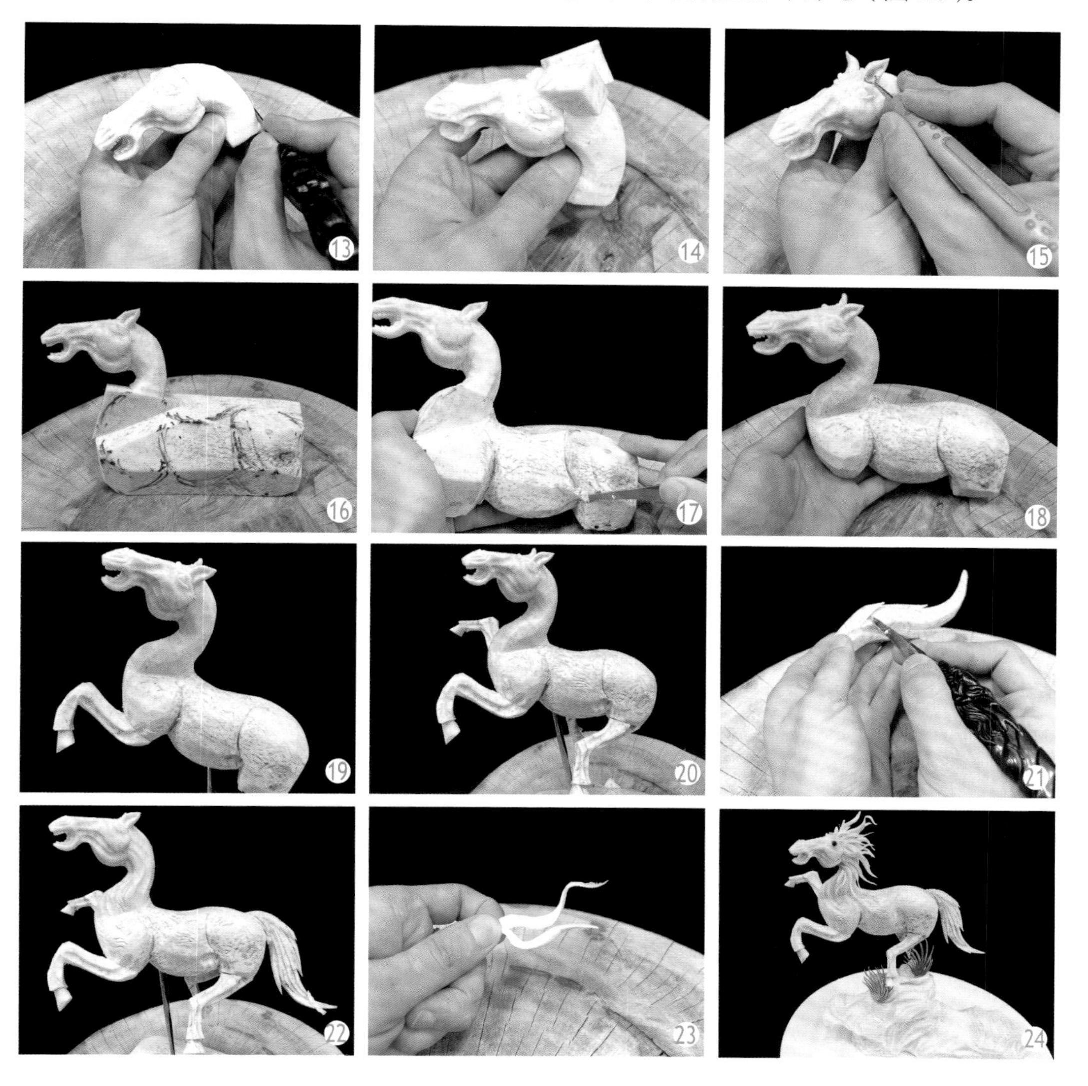

25

龙马精神

1. 龙。将切好的南瓜用食用胶粘接在一起（图 1），修成弯曲龙身状（图 2），用拉刀拉出龙脊的曲线（图 3），用雕刻刀刻出龙鳞（图 4），装上刻好的龙脊和龙尾（图 5），刻出龙爪（图 6、图 7），粘接在龙身上（图 8）；另取一段南瓜刻出龙鼻、龙眼的位置（图 9），刻出上嘴唇和上槽牙（图 10），刻出下嘴唇和下槽牙（图 11），修出龙头的轮廓（图 12），刻出口腔（图 13），刻出龙须粘接上（图 14），最后将龙头粘接在龙

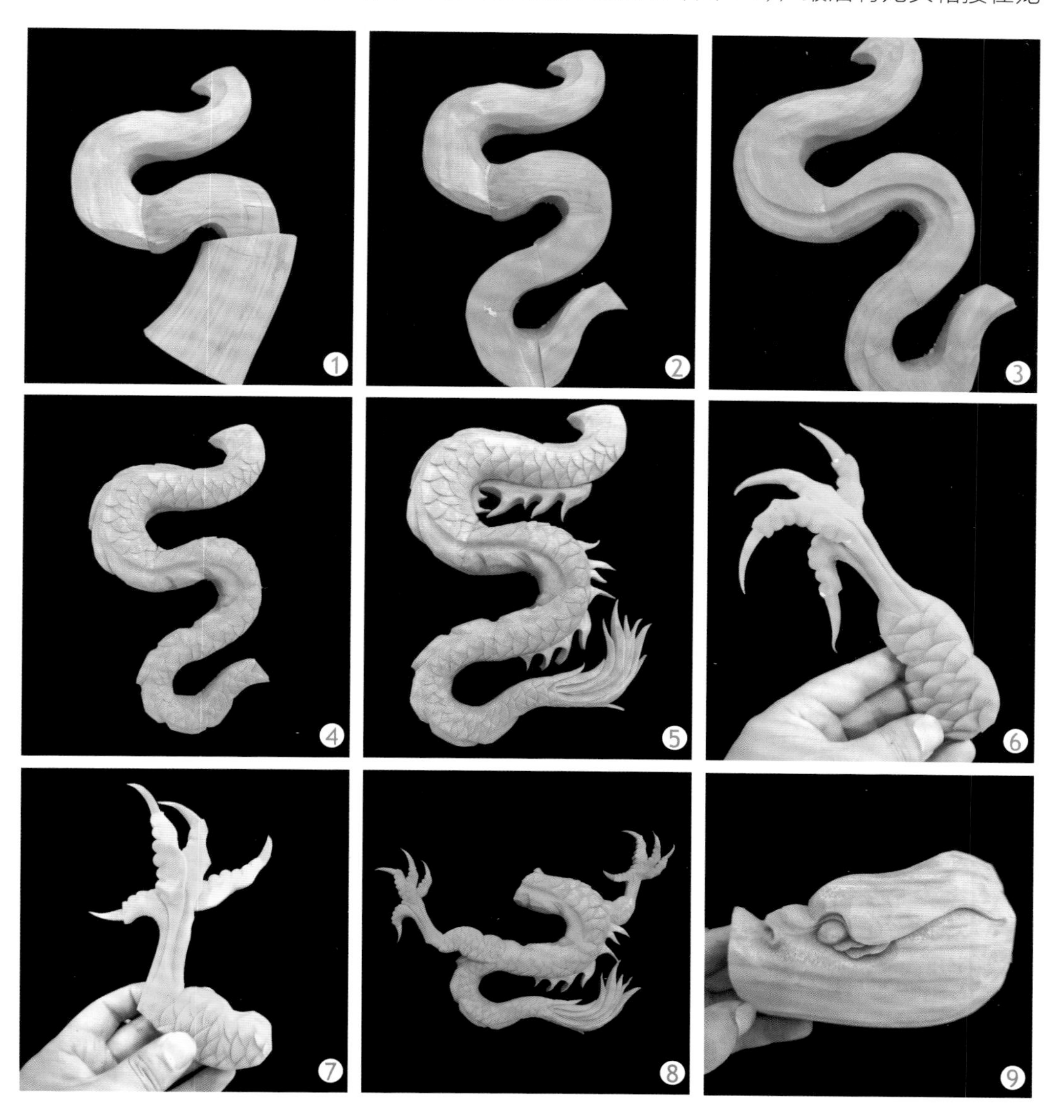

身上（图 15）。

2. 马。取一段南瓜（图 16），刻出马眼的位置（图 17），刻出马头的造型（图 18），另取两段南瓜粘接在一起（图 19），细修马脖，粘上马头（图 20），刻出马的轮廓（图 21），另取三段南瓜粘接在前后马蹄的位置（图 22），刻出马蹄（图 23），粘上马的鬃毛（图 24），刻出马尾巴（图 25），粘上马尾巴（图 26），安上马眼睛，将马固定在白萝卜刻制的假山上（图 27）。

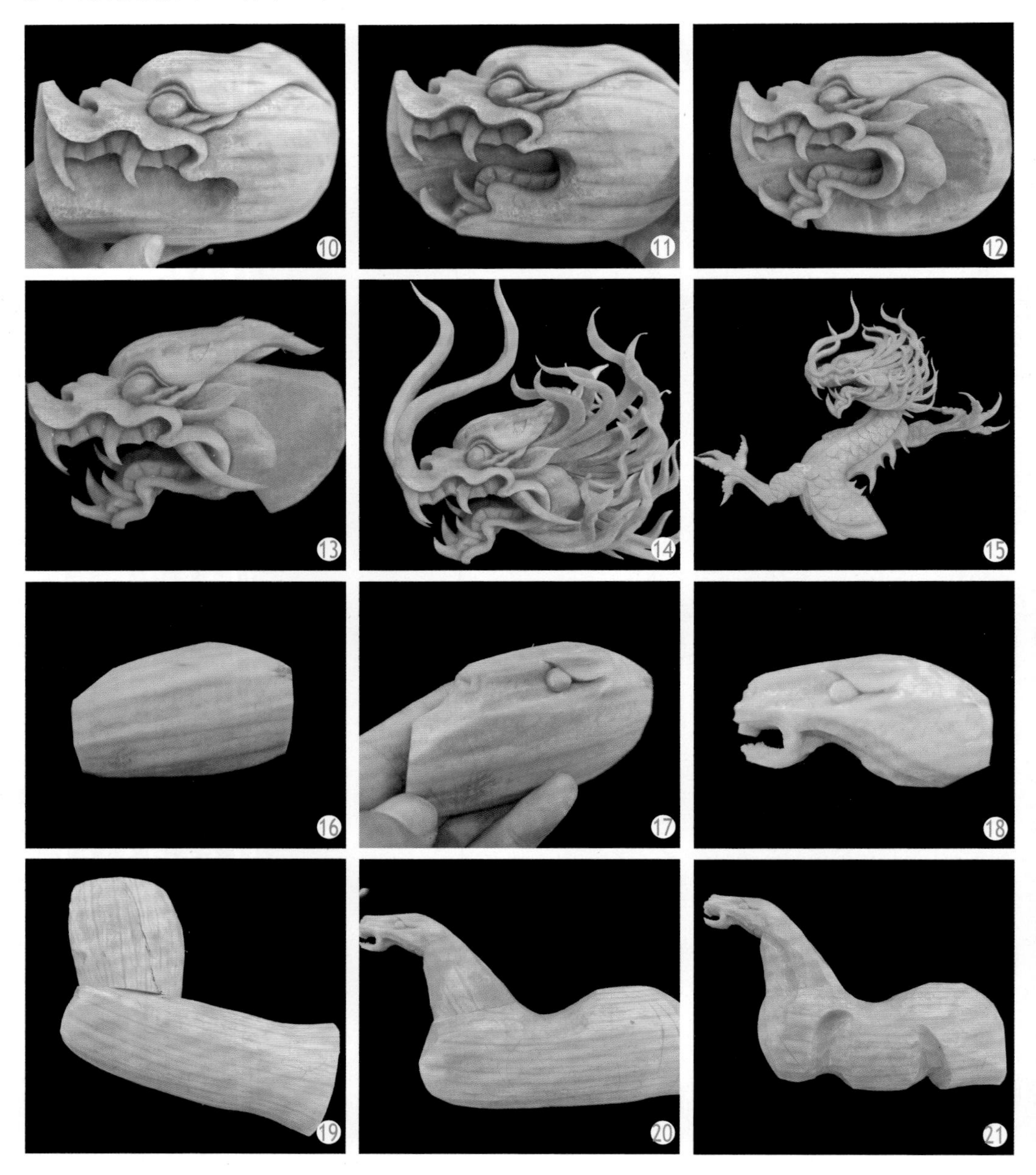

3. 龙马组合。将刻好的龙和马固定在白萝卜刻制的祥云上，作环绕和腾云状即可（图 28）。

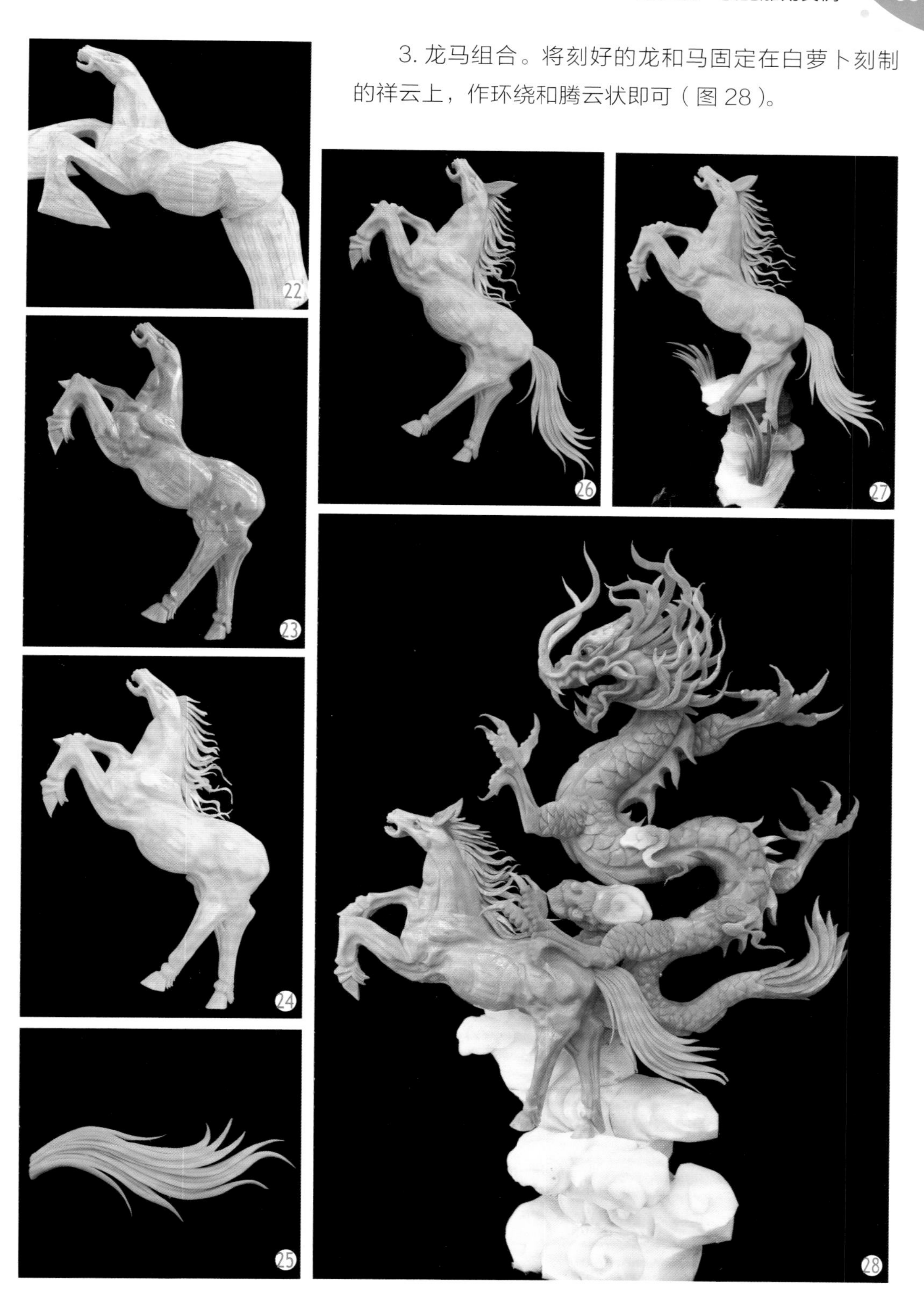

三、其他类

佛系宝塔

1. 宝塔。将一根胡萝卜切成一根长的六面体（图 1），用黑笔描画分层（图 2），用雕刻刀刻出分层（图 3），继续刻去多余的部分（图 4），细修分层（图 5），刻出每层的塔门（图 6），细修每层的塔檐（图 7），用拉刀拉出塔檐上的瓦当（图 8、图 9），修一个塔尖，用食用胶粘接上（图 10）。

2. 组合。将宝塔放在盘中，点缀上刻制的小石头和小草（图 11）。

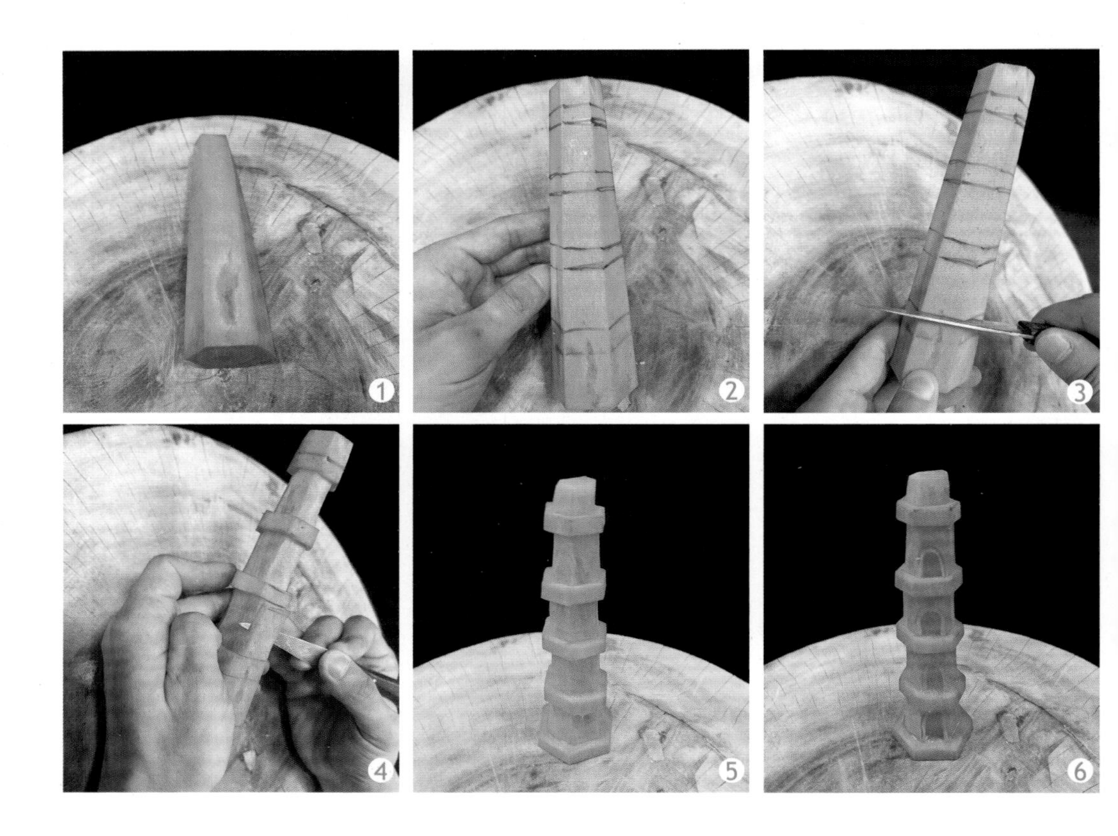

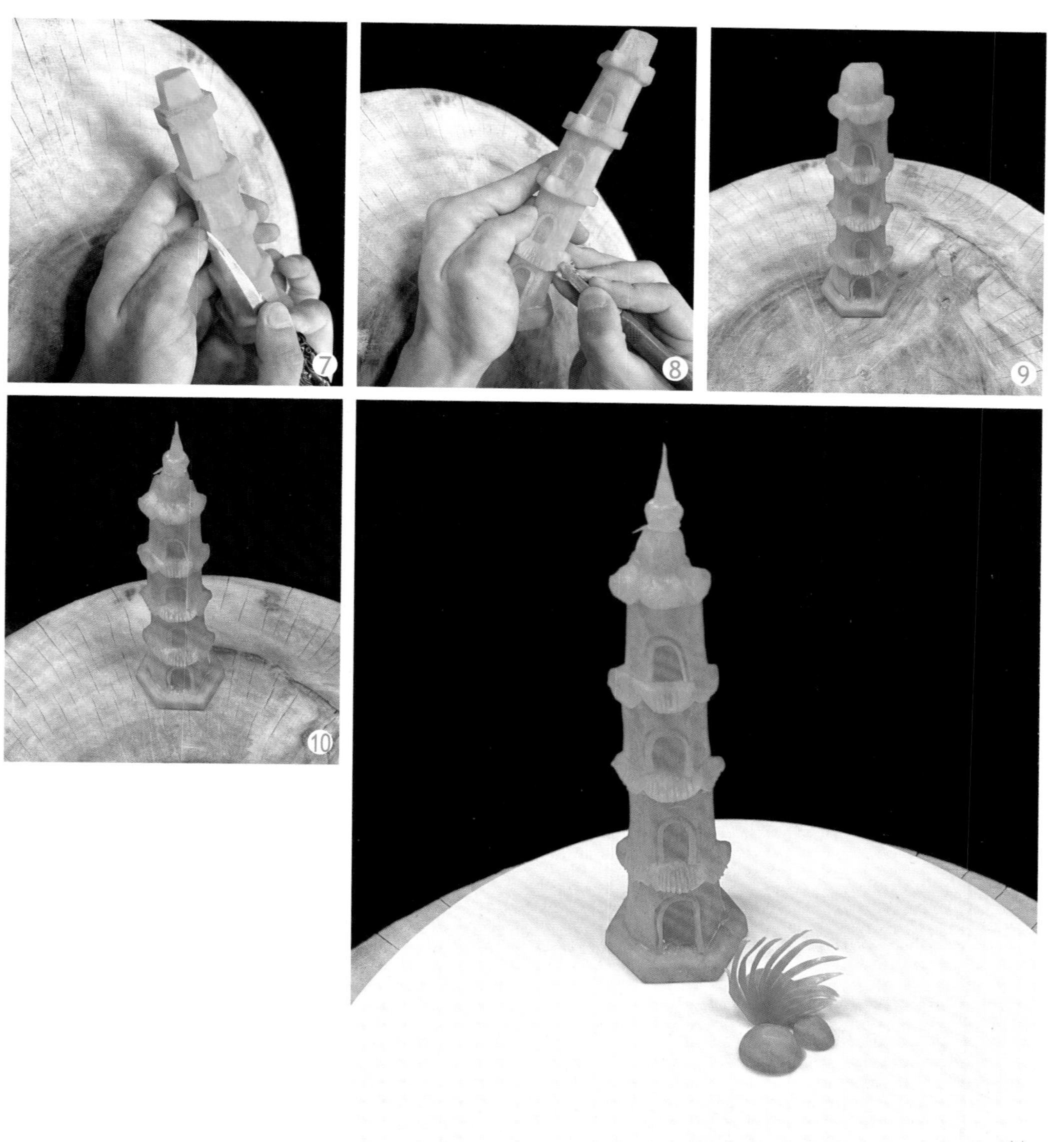
7
8
9
10
11

假山风景

将青萝卜切成大小不同的块，用食用胶粘接在一起（图 1），用槽刀掏空部分位置（图 2），再用拉刀挖去部分萝卜（图 3），继续错落地挖去部分位置（图 4），用拉刀继续修理（图 5），最后形成假山风景（图 6）。

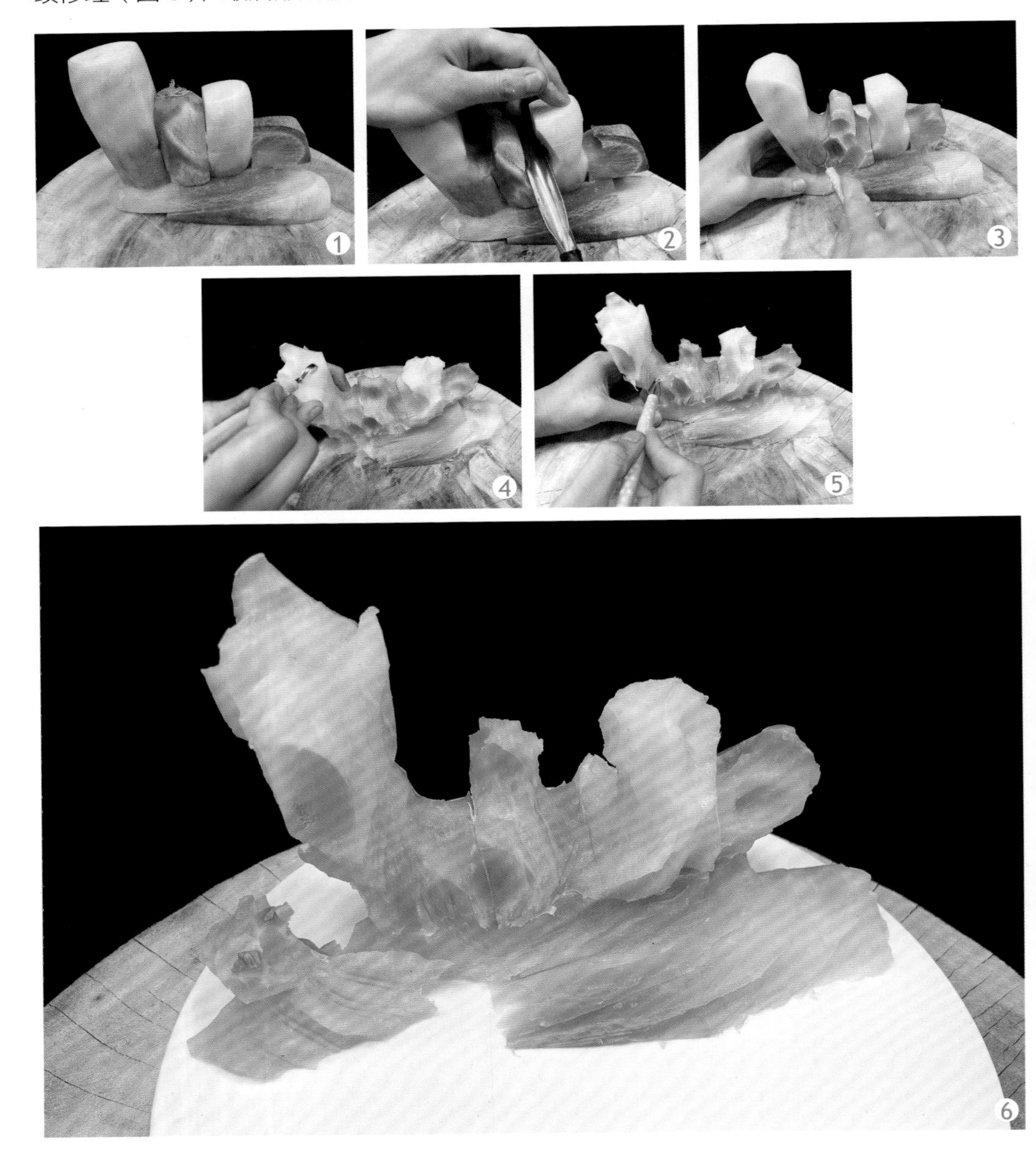

凉亭塔影

1. 凉亭。将芋头切成一个六边形的厚片（图 1），用厨刀修出台阶（图 2、图 3），用粗槽刀在芋头上旋出六根芋头圆柱，用食用胶粘接在六边形对角处（图 4），切一个六边形的棱台，大小与六根柱相称（图 5），用槽刀刻出瓦楞和顶台（图 6），刻出瓦的间隔线（图 7、图 8）。用两块芋头粘接一下，准备做凉亭顶（图 9），刻出分割线（图 10），刻出顶上的葫芦（图 11、图 12），然后安装在凉亭顶上即可。

2. 组合。将凉亭放在盘中，配上预先刻好的胡萝卜宝塔、小石头、小草即可（图 13）。

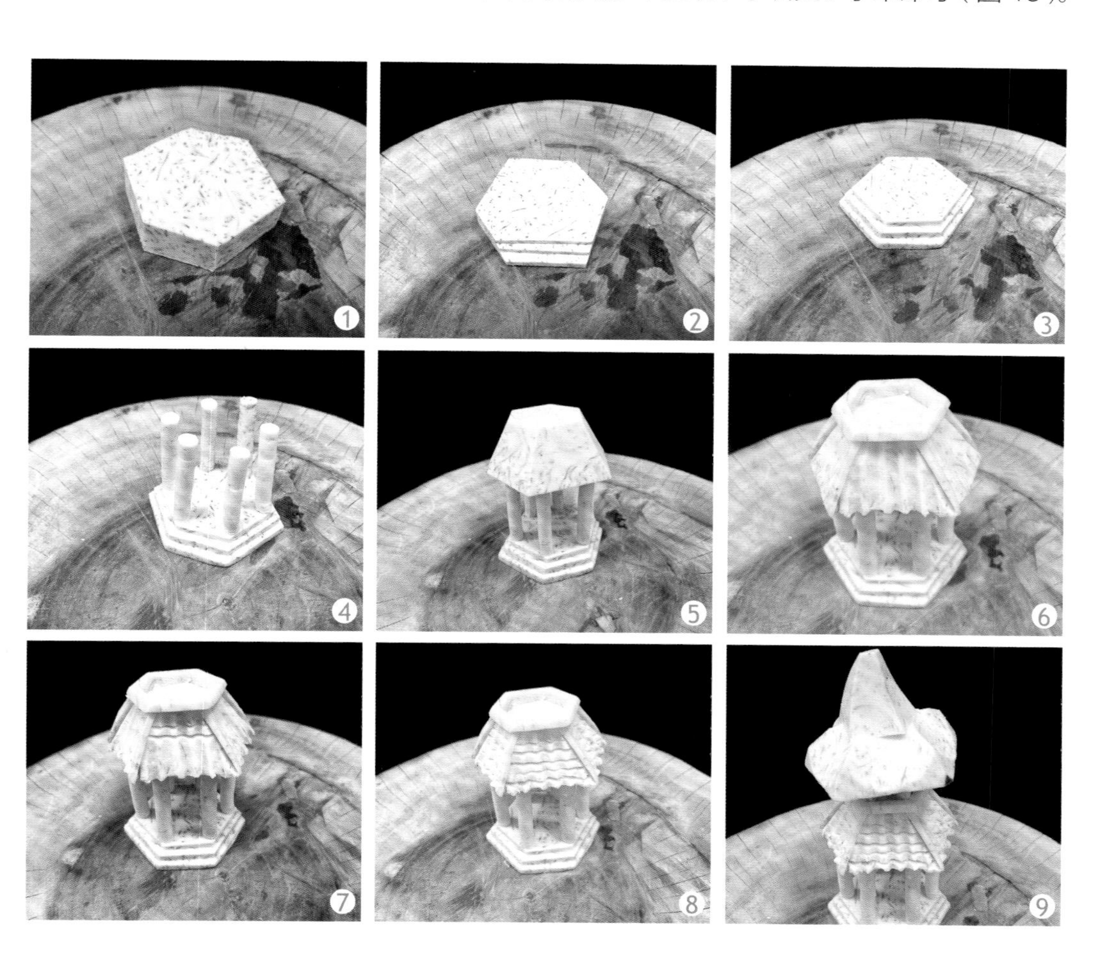

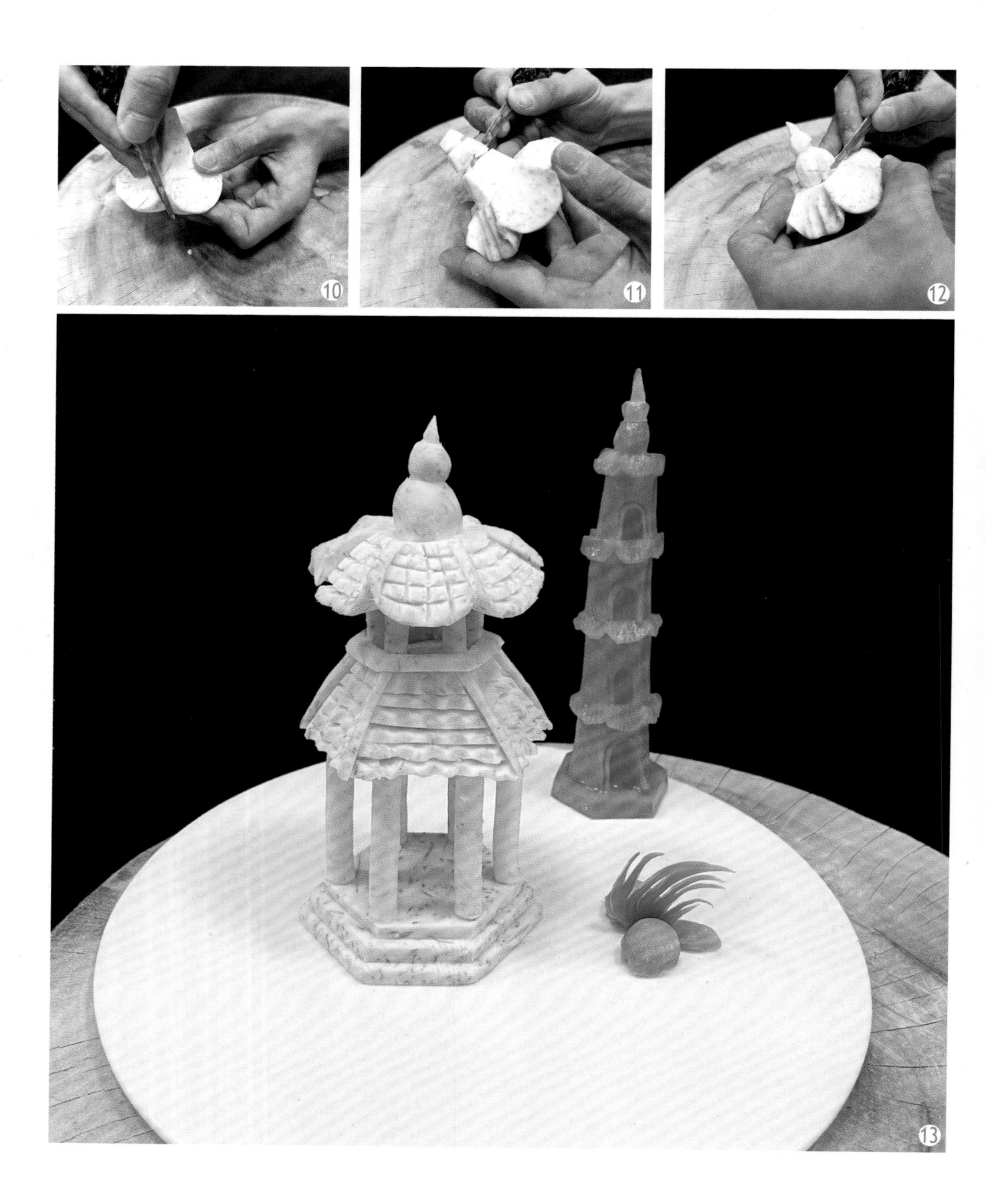
10
11
12
13

玲珑珠球

1. 珠球。将胡萝卜切成立方体（图 1），对称地斜切掉 4 个角（图 2），刻出几个角的边框（图 3、图 4），修去边框内多余的胡萝卜，使之内部呈球状（图 5、图 6）。

2. 组合。将玲珑球安放在预先刻好的团扇前面（图 7）。

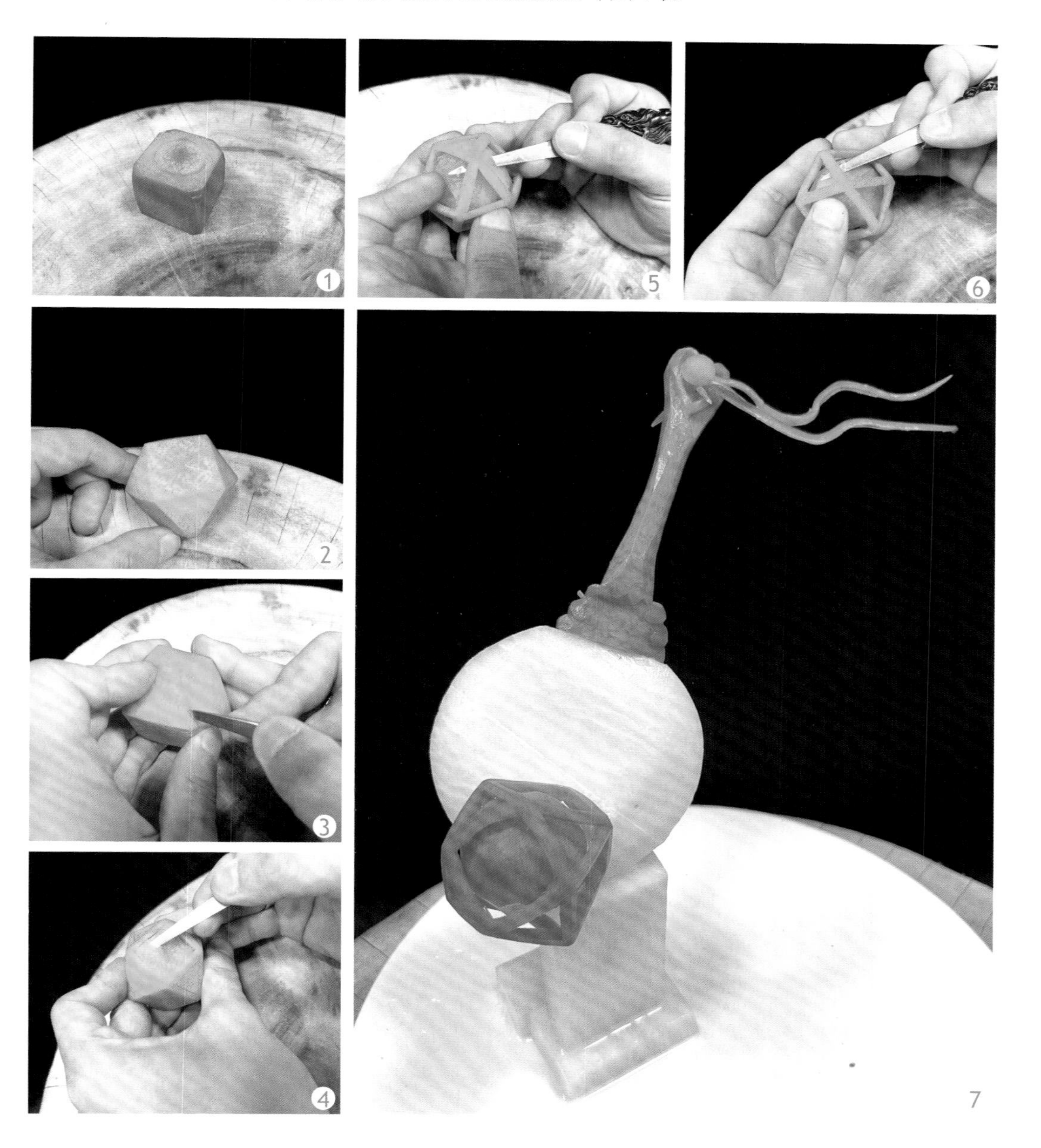

平平安安

1. 花瓶。取一段白萝卜，用黑笔描画出花瓶的轮廓（图 1），用雕刻刀刻下花瓶的粗坯（图 2），细修粗坯（图 3），打磨光滑后用食用胶粘接上胡萝卜雕刻的底座（图 4）。取一段胡萝卜用黑笔描画出花瓶的耳环（图 5），刻下耳环（图 6），细修耳环（图 7），最后用食用胶粘接在花瓶两侧（图 8、图 9）。

2. 小花。取一段胡萝卜用拉刀拉出花瓣（图 10 ～图 12），用食用胶粘接在一起（图 13）。

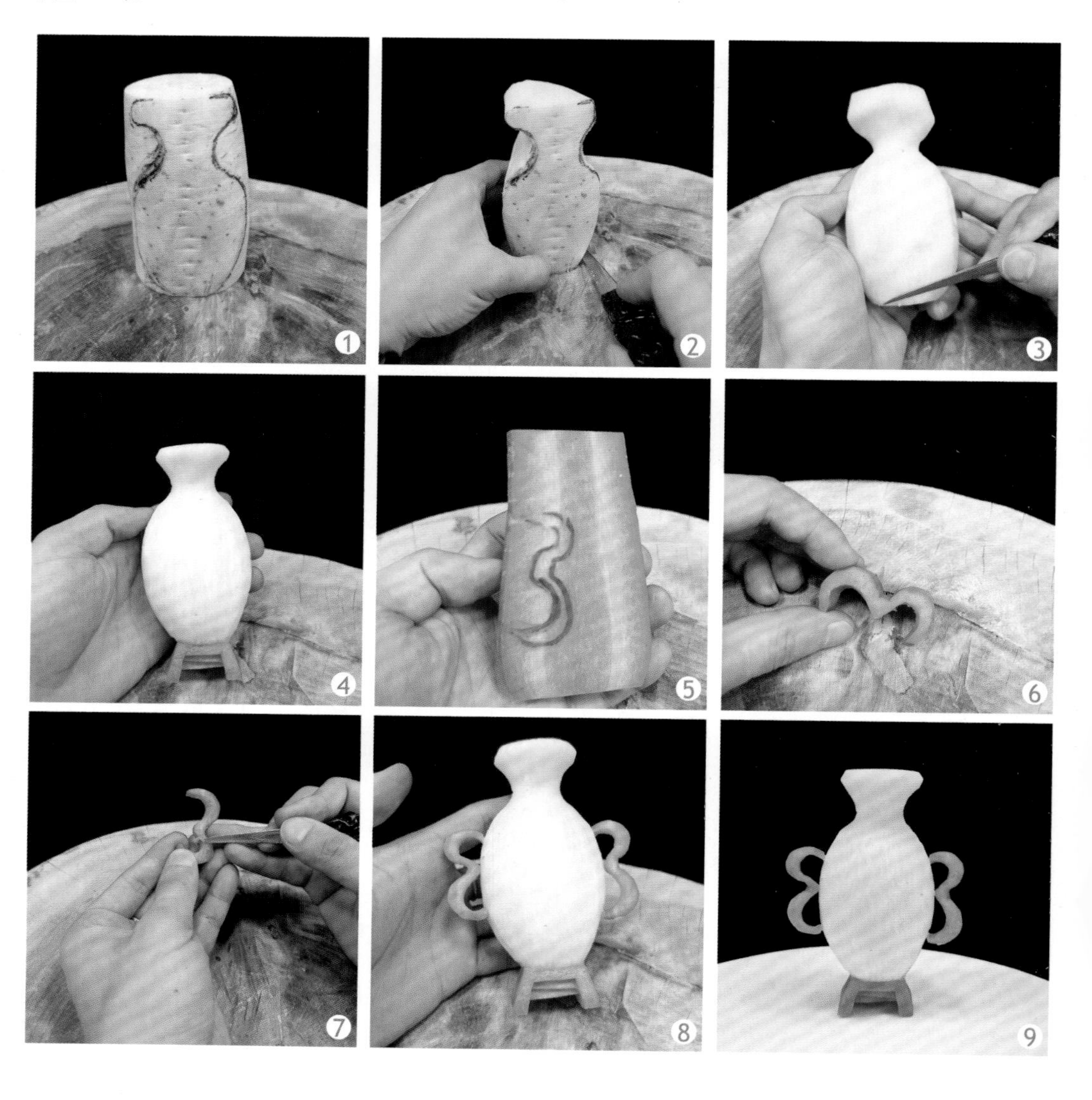

3. 组合。在花瓶中插入青萝卜刻成的叶子和铅丝，用食用胶粘接上小花（图 14），制成一个完整的瓶花（图 15）。

石拱桥边

1. 石拱桥。将胡萝卜切去侧面（图 1），在粗的一段用粗槽刀挖出桥孔（图 2），用雕刻刀刻出石拱桥的桥栏杆轮廓（图 3），刻出台阶的位置（图 4），刻出台阶（图 5），刻出石拱桥的侧面轮廓（图 6），刻出桥砖的形状（图 7）。

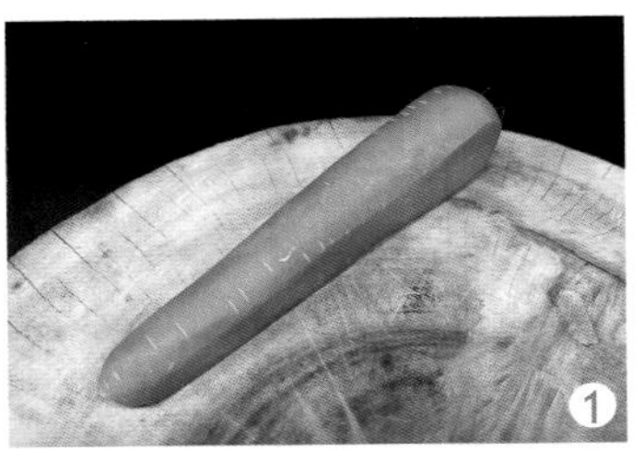

2. 组合。用青萝卜刻出石拱桥栏杆，用食用胶粘接在桥栏杆的位置上，点缀上刻好的小石头和小草即可（图 8）。

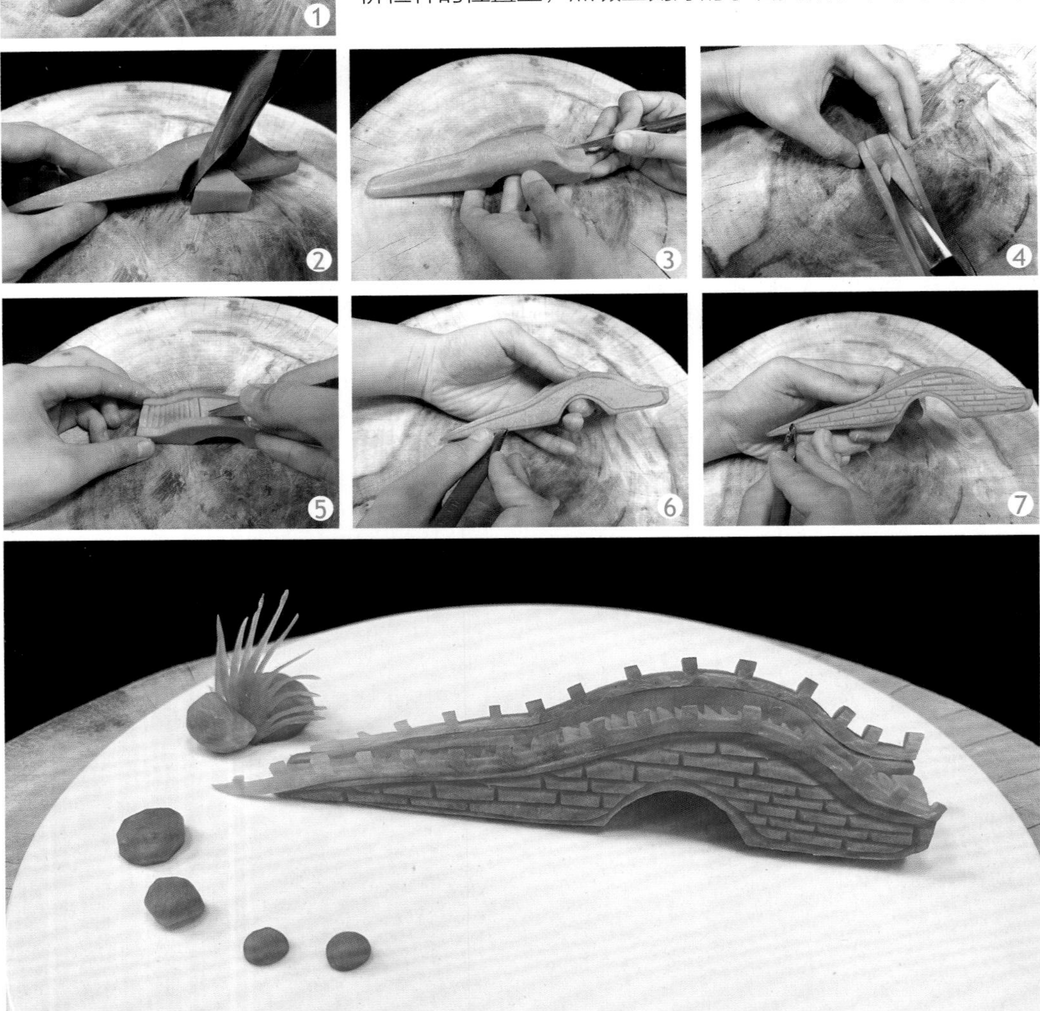

巍巍城墙

1. 城墙。将芋头切成厚片（图 1），用拉刀拉出墙砖的造型（图 2、图 3）。将芋头切成条和片（图 4、图 5），测试一下城墙的高度，刻出墙栏（图 6），刻出墙垛（图 7 ~ 图 9），刻出侧墙板（图 10），刻出墙柱（图 11），细修侧墙板（图 12）。

2. 组合。将刻好的城墙组件组装完毕，点缀上小花、小草即可（图 13）。

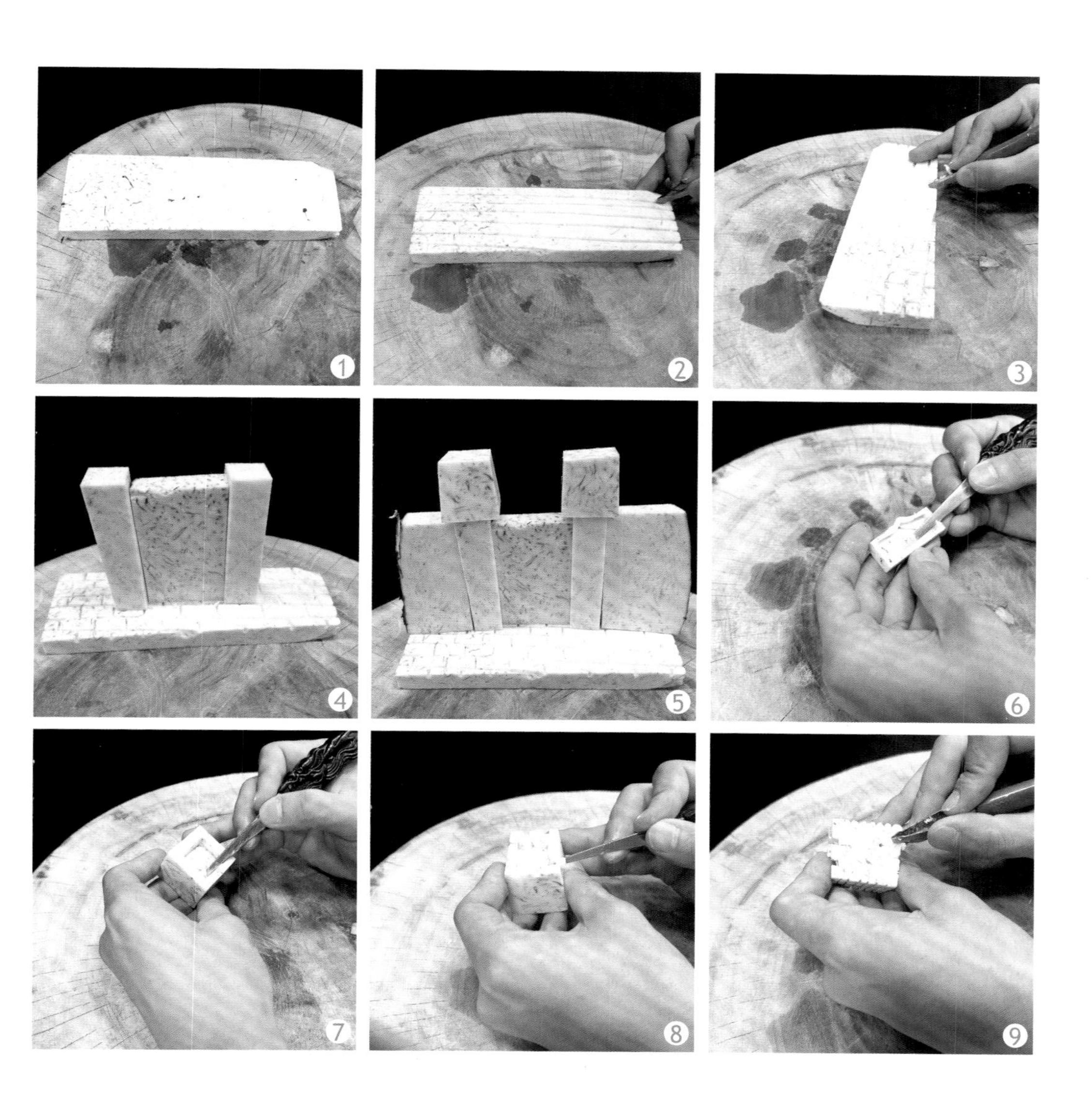

10
11
12
13

断桥流水

1. 断桥。将胡萝卜刻出小桥的轮廓（图1），刻出桥孔和桥边（图2），用拉刀拉出桥砖的轮廓（图3），刻出小桥的台阶（图4）；在胡萝卜长片上画出桥栏杆的形状（图5），再用刀刻出栏杆（图6），然后安装在小桥的两边（图7），栏杆的顶部粘上青萝卜顶（图8）；另刻出小山和石头（图9、图10）。

2. 水波。在盘子的一角挤出一点蓝色果酱（图11），用硅胶刷刷出弯弯水纹（图12）。

3. 组合。在水波纹的上面放上断桥（图13），放上小山和石头（图14）。

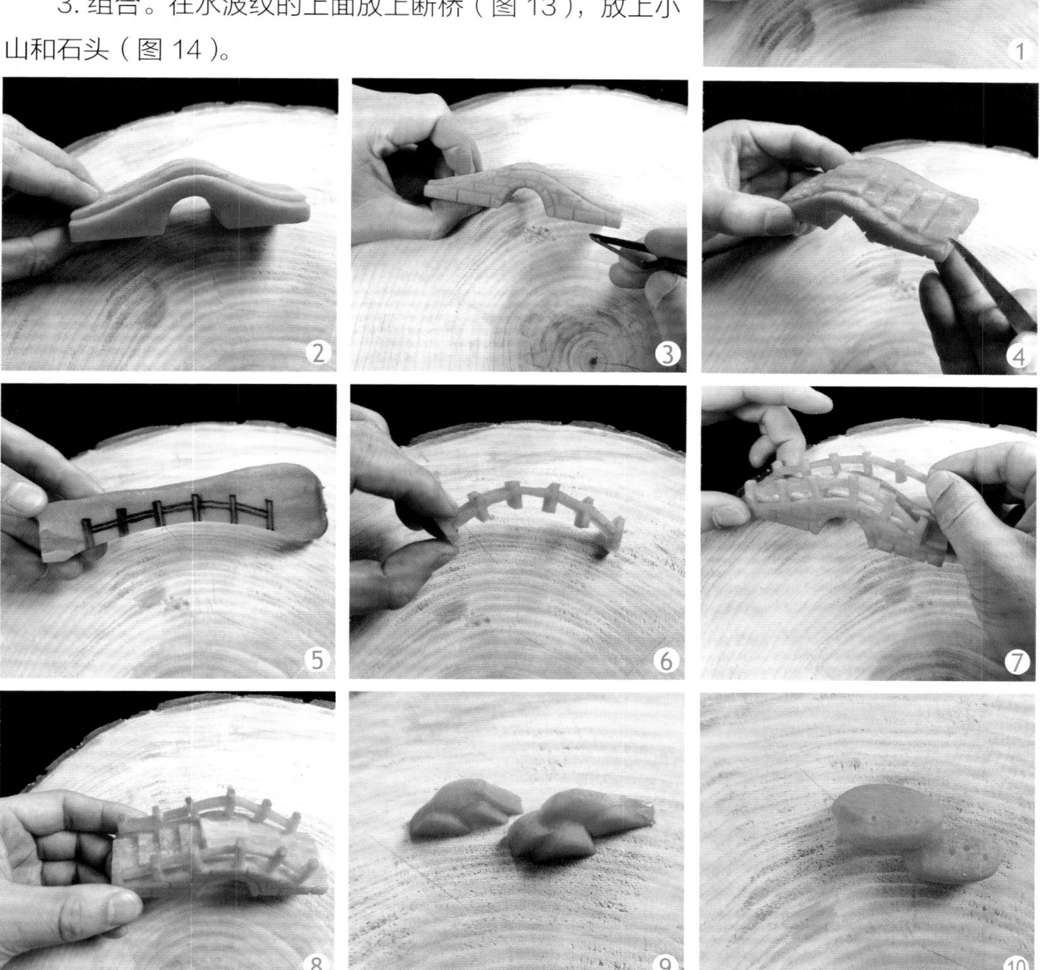

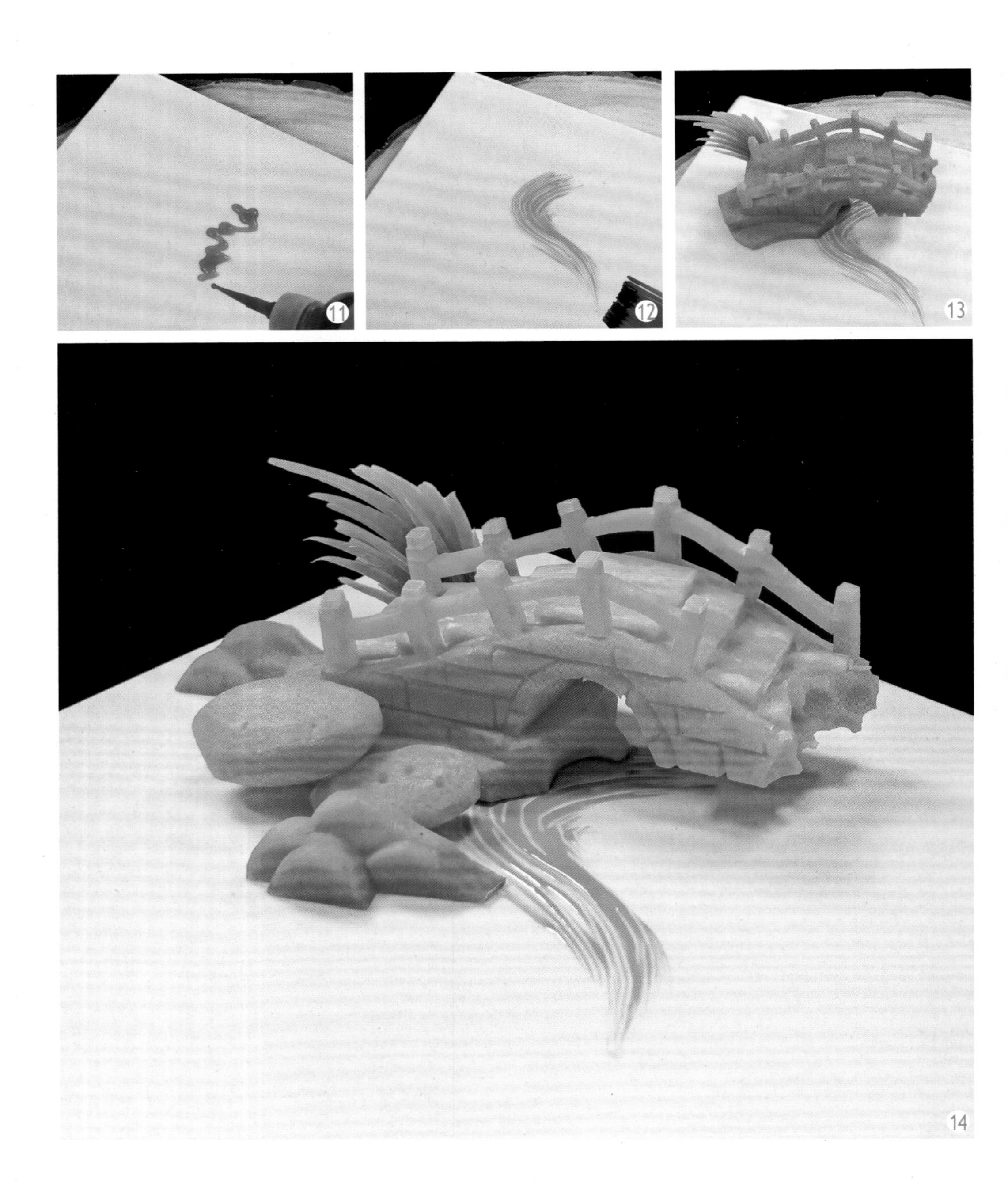
11
12
13
14

荷上鹭飞

1. 鹭鸟。将心里美萝卜切一半，用黑笔描画出鹭鸟的轮廓（图 1），用雕刻刀刻出鹭鸟的头部（图 2），细修打磨光滑（图 3），刻出鸟脖子下面的羽毛（图 4）。将另一半心里美萝卜切去一个面（图 5），然后把鹭鸟的脖子用食用胶粘接在心里美萝卜的切面上（图 6），用黑笔描画出鹭鸟的身体轮廓（图 7），用雕刻刀刻下鹭鸟的粗坯（图 8），细刻后打磨光滑（图 9）。取一片心里美萝卜皮，用黑笔描画出鹭鸟的尾羽（图 10），刻下尾羽（图 11），用食用胶粘接在鹭鸟的尾部（图 12、图 13）；取一片心里美萝卜片，用黑笔

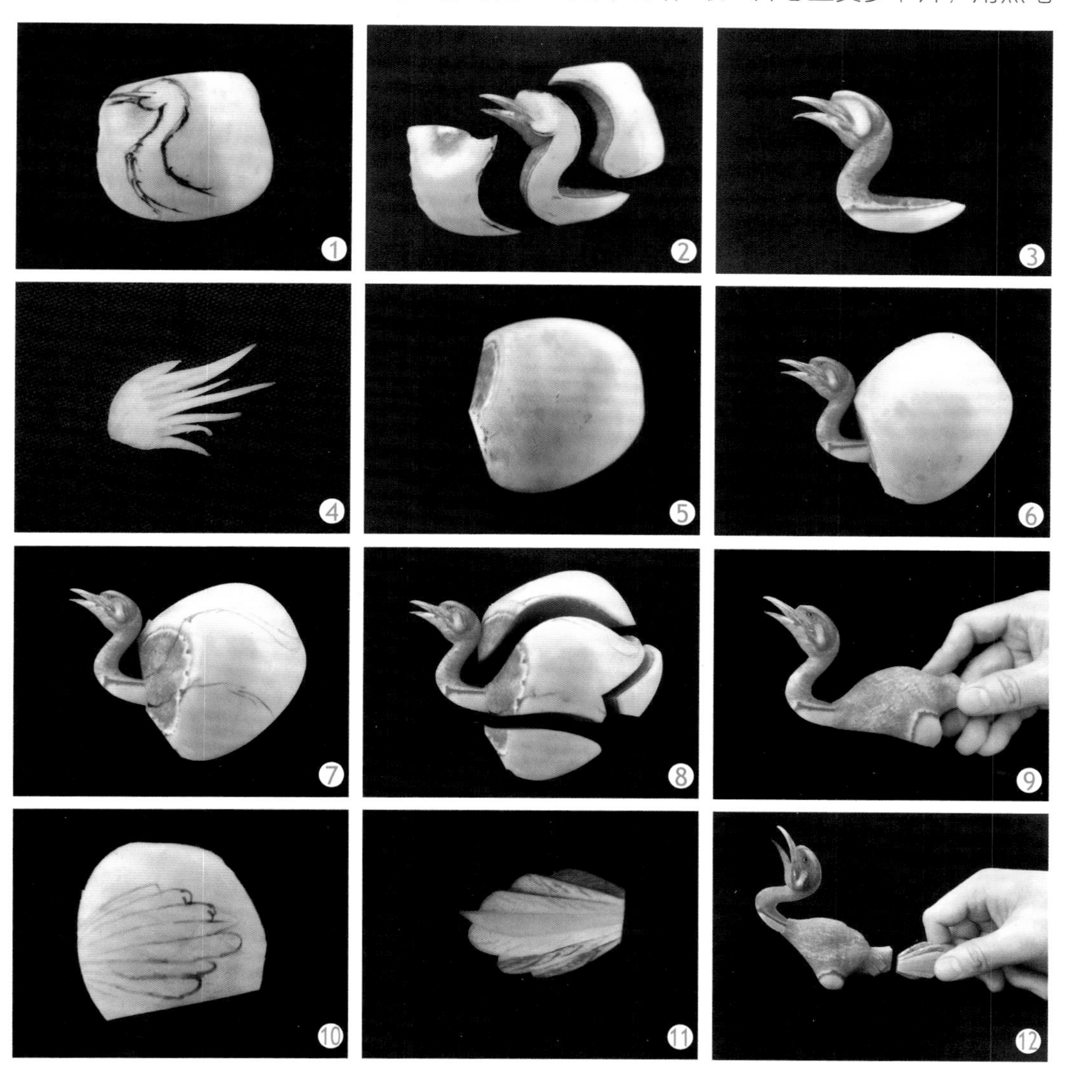

描画出鹭鸟的长腿（图 14），用雕刻刀刻下（图 15），继续细刻打磨光滑（图 16、图 17）；取一片心里美萝卜片，用黑笔描画出鹭鸟翅膀的轮廓（图 18），用雕刻刀刻出翅膀上的羽毛（图 19 ~ 图 21），将完整的翅膀刻下（图 22）。

2. 荷叶。取一片青萝卜皮（图 23），用雕刻刀裁剪成椭圆片（图 24），进一步修剪成圆齿状（图 25），用拉刀拉出荷叶上的叶脉（图 26）。

3. 组合。用青萝卜条刻成凤钩，用软铅丝串在一起（图 27），用心里美萝卜刻成灯笼串在凤钩上（图 28）；取一只平盘，安放在木架上，背后插上凤钩挑起的灯笼杆（图 29）。将鹭鸟粘上翅膀，用食用胶粘接在平盘上（图 30），再粘接预先刻制的荷花和荷叶（图 31）。

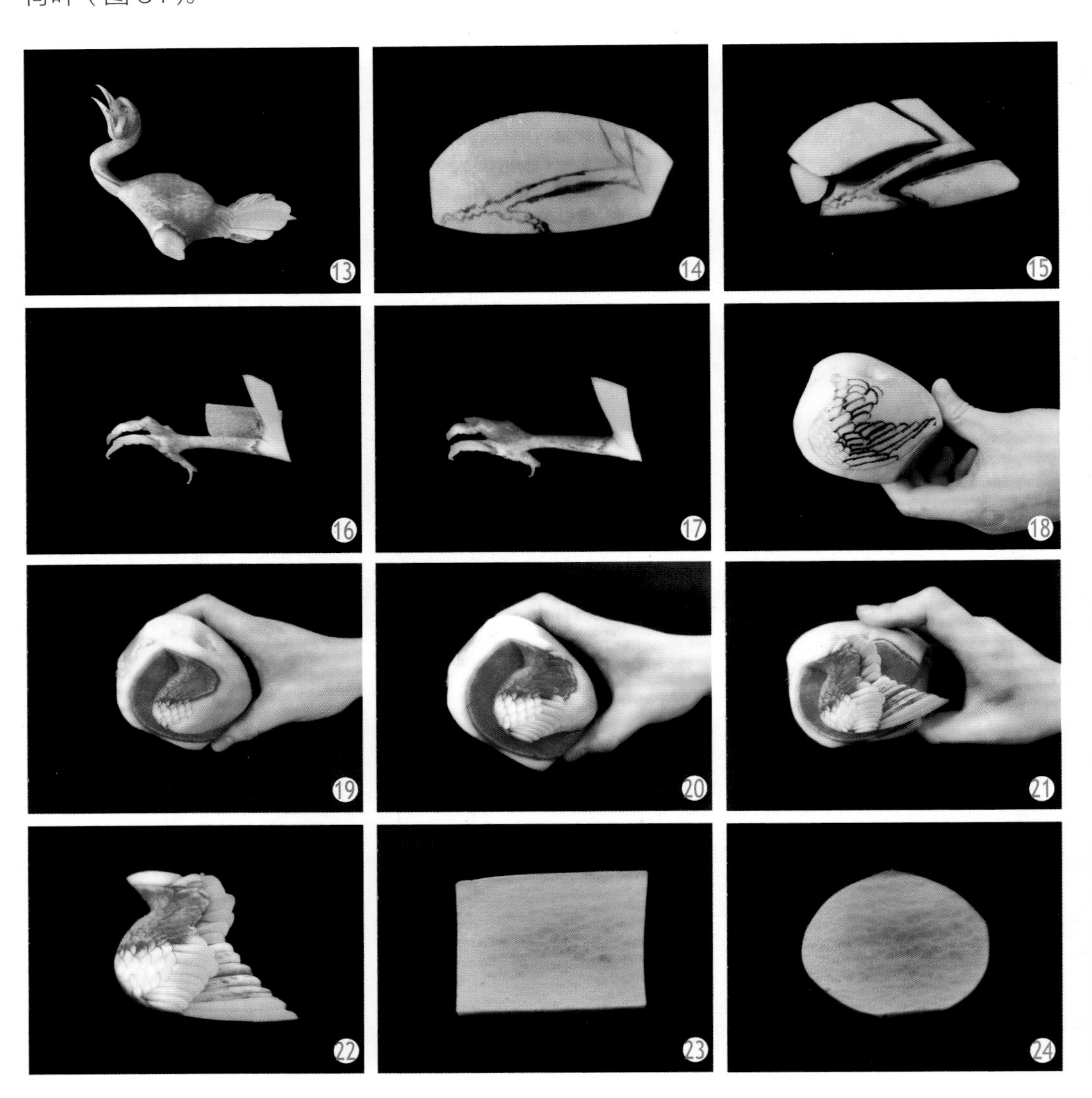

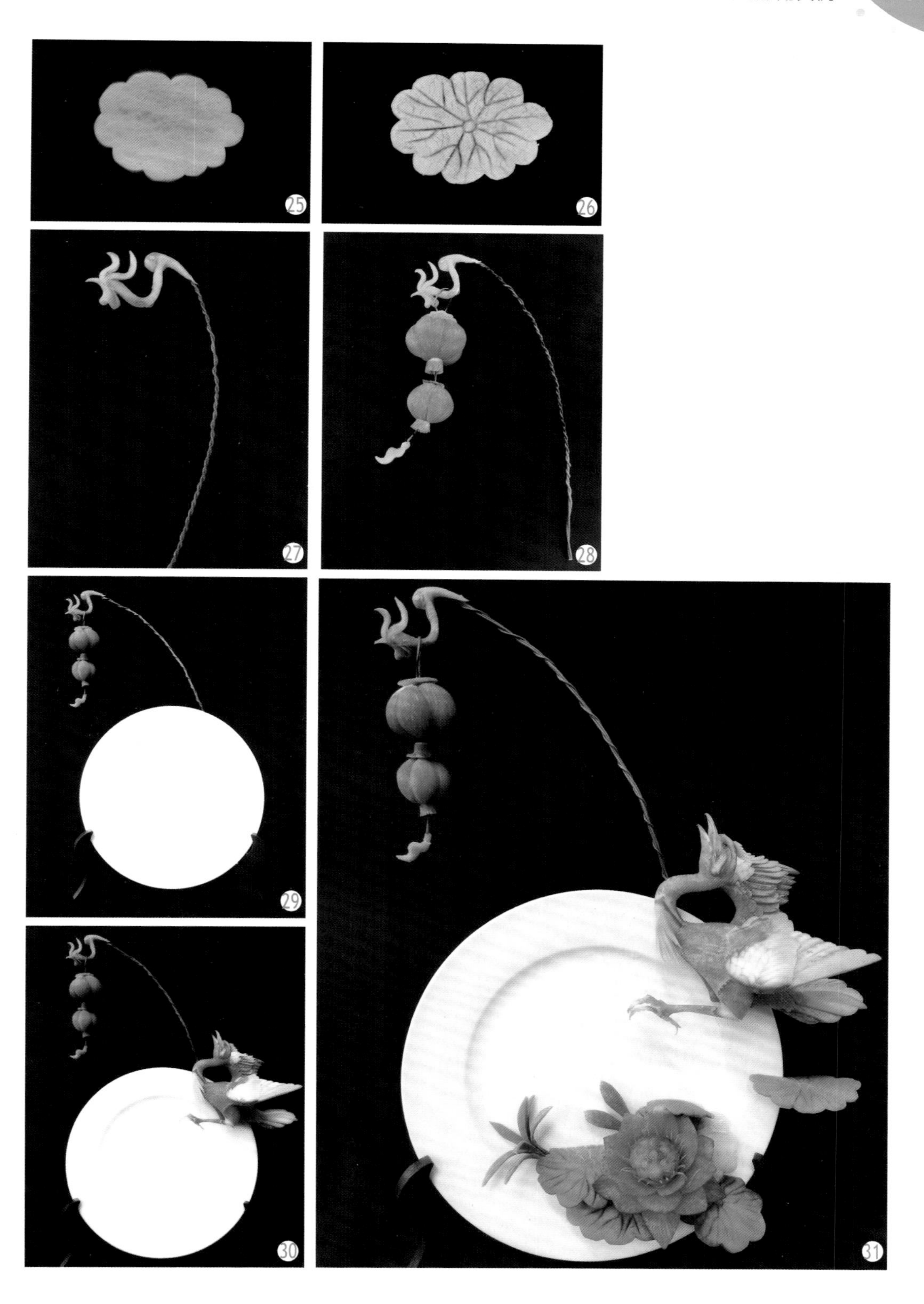
25
26
27
28
29
30
31

旗鼓相当

1. 花鼓。将白萝卜切成段，修去边缘多余的萝卜（图 1），修出光滑的圆台鼓状（图 2）；将青萝卜旋出薄片，用模具刻出圆片状（图 3、图 4），粘在鼓面上（图 5）；用槽刀挖出青萝卜的鼓钉（图 6），逐个粘在鼓边上（图 7）。

2. 棋盘。将一块大小适当的白萝卜切成方形厚片，用拉刀拉出棋盘的形状（图 8），在青萝卜的外皮上用拉刀拉出棋盘线条（图 9），然后嵌入棋盘的凹槽中（图 10、图 11），用槽刀挖出心里美萝卜的小圆点（图 12），最后将青、红色萝卜点粘在棋盘上做个残局，

修去棋盘多余的角（图 13），最后将棋盘用牙签固定在鼓上（图 14）。

3. 云彩。在心里美萝卜外皮上用黑笔画出云彩的形状（图 15），用雕刻刀修出云彩的模块（图 16、图 17）。

4. 组合。将修出的云彩模块用牙签固定在鼓上，将花鼓固定在白萝卜修出的圆台上（图 18），最后安放在盘子的一侧（图 19）。

心心相印

1. 玫瑰。将心里美萝卜切半后修出圆台状（图 1），大头一端修圆（图 2），用黑笔画出花瓣的形状（图 3），然后用刀戳出第一层花瓣（图 4），向内修去一层（图 5），继续修出第二层花瓣（图 6），如此逐渐收小修出花蕊（图 7、图 8）。

2. 花托。在青萝卜的外皮上用黑笔画出花萼的形状（图 9），用刀刻出花萼（图 10），然后配合花梗装在玫瑰的底部（图 11）。

3. 心形环。将白萝卜切成厚片，用模具刻出心形（图 12、图 13），然后用小一号的

模具刻出心形环（图 14）。

4. 组合。将心形环用牙签固定组装（图 15），缀上玫瑰（图 16），点缀上叶子（方法如“双花迎新”中的做法）（图 17），装饰藤蔓（图 18）。

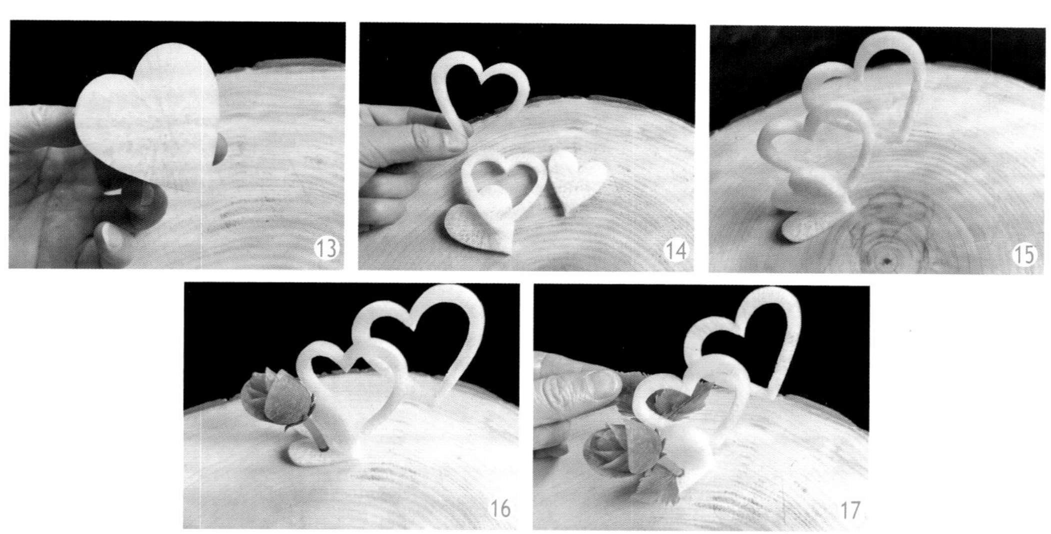

一曲排箫

1. 排箫。将芋头切成厚长方块（图 1），再切成长条（图 2），修去四个棱角（图 3），逐个打磨成圆柱形条（图 4），排列呈排箫状（图 5），在砧板上固定排列（图 6）。

2. 藤蔓与叶。在青萝卜外皮上画上藤蔓的形状（图 7），修出藤蔓（图 8、图 9）；刻出叶子（图 10）。

3. 小花瓣。用拉刀在萝卜的表面拉出几个花瓣（图 11）。

4. 组合。在盘子的一侧安放上排箫，点缀上藤蔓和叶、小花瓣，用黑色果酱点上一排果酱点（图 12）。

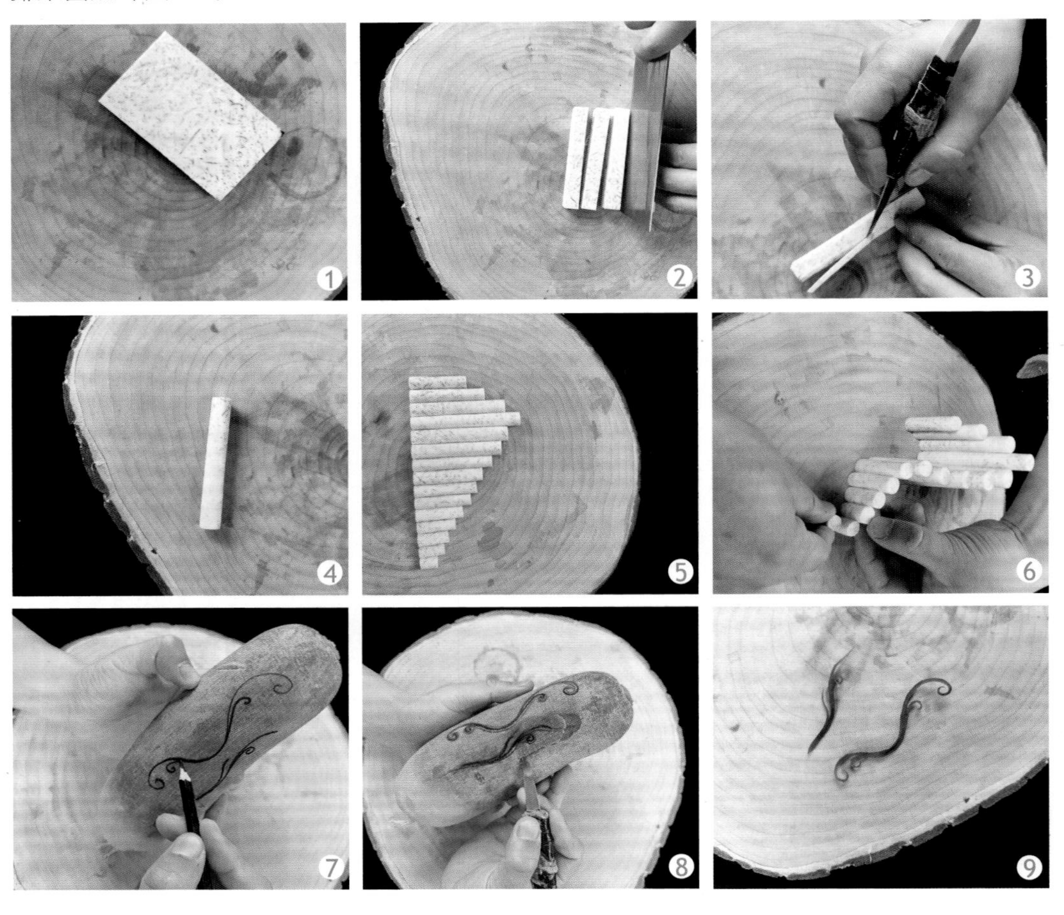

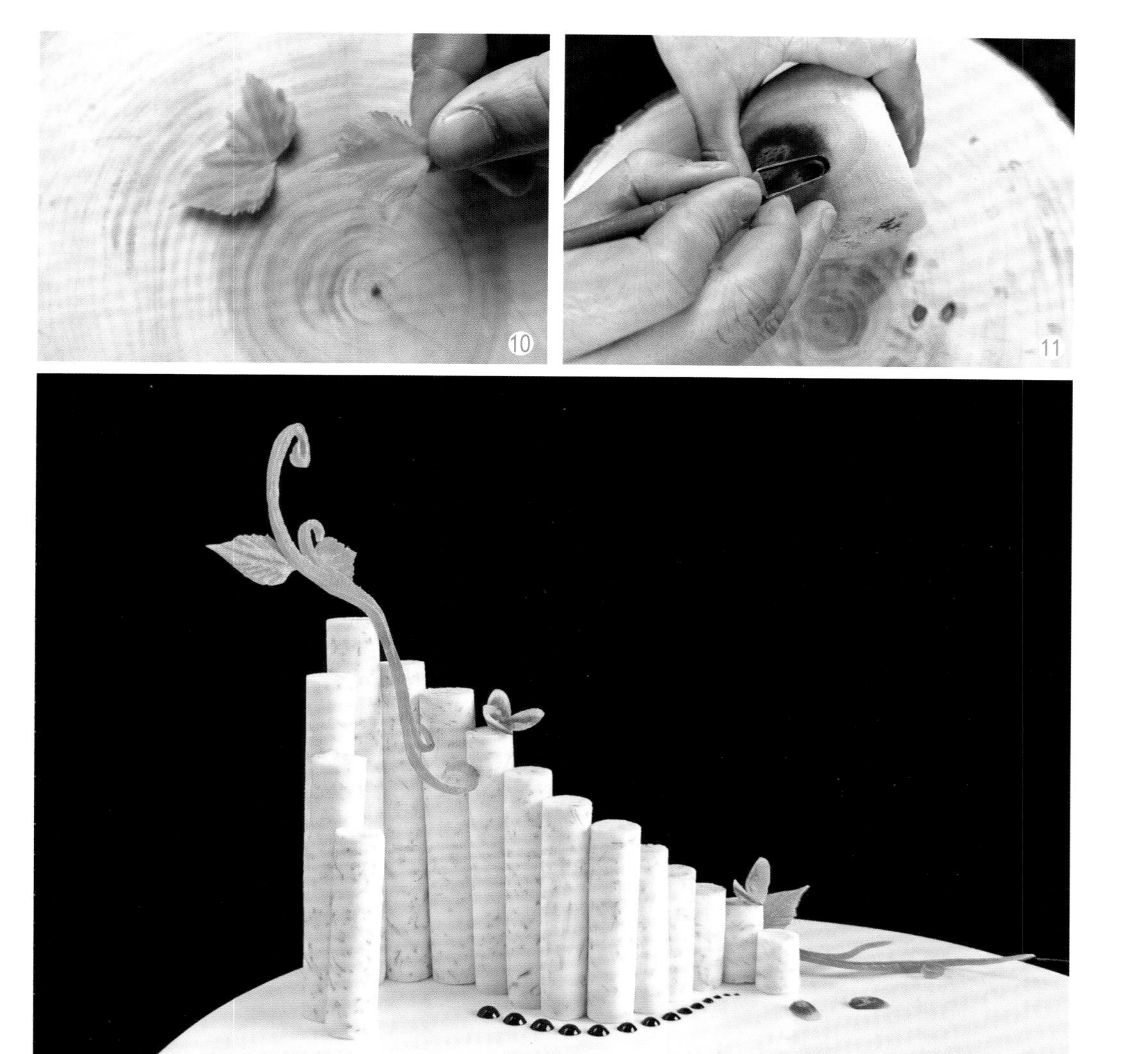
10
11
12

一书花香

1. 书稿。将白萝卜切成长方块（图 1），用厨刀批成薄片，书脊处粘上胡萝卜条（图 2），再将书脊刻出线装书的感觉（图 3），最后用牙签固定在方块萝卜底座上（图 4）。

2. 卷花。切一片青萝卜外皮，然后用厨刀批薄（图 5），展开后用刀切成锯齿状（图 6），接着从一端卷起，底部用牙签固定（图 7），点缀在书稿底部（图 8）。

3. 叶、藤。在青萝卜的外皮上用黑笔画上树叶的形状（图 9），然后用刀刻出树叶（图 10）；在青萝卜的外皮上用黑笔画出藤的形状（图 11），然后用刀刻出藤蔓（图 12）。

4. 组合。将树叶和藤蔓安装在书稿的底部和后面（图 13）。

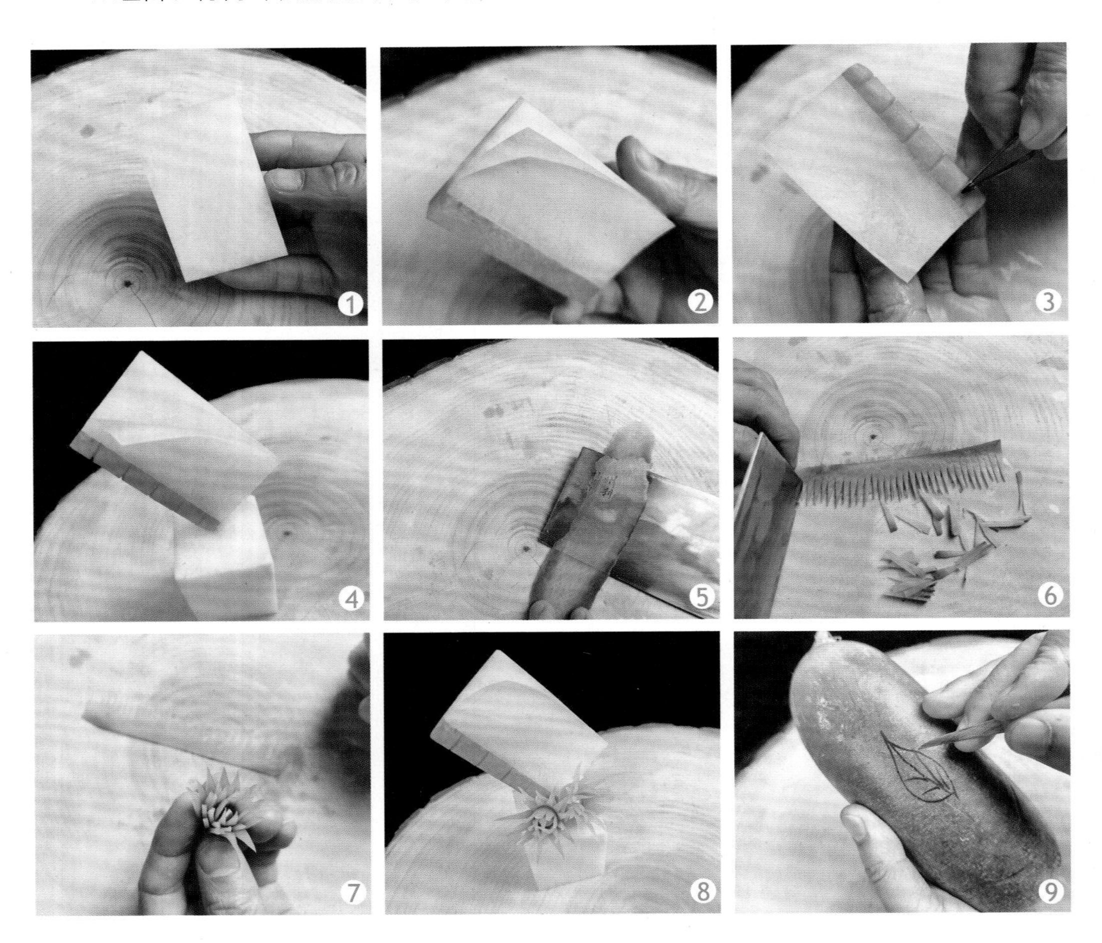

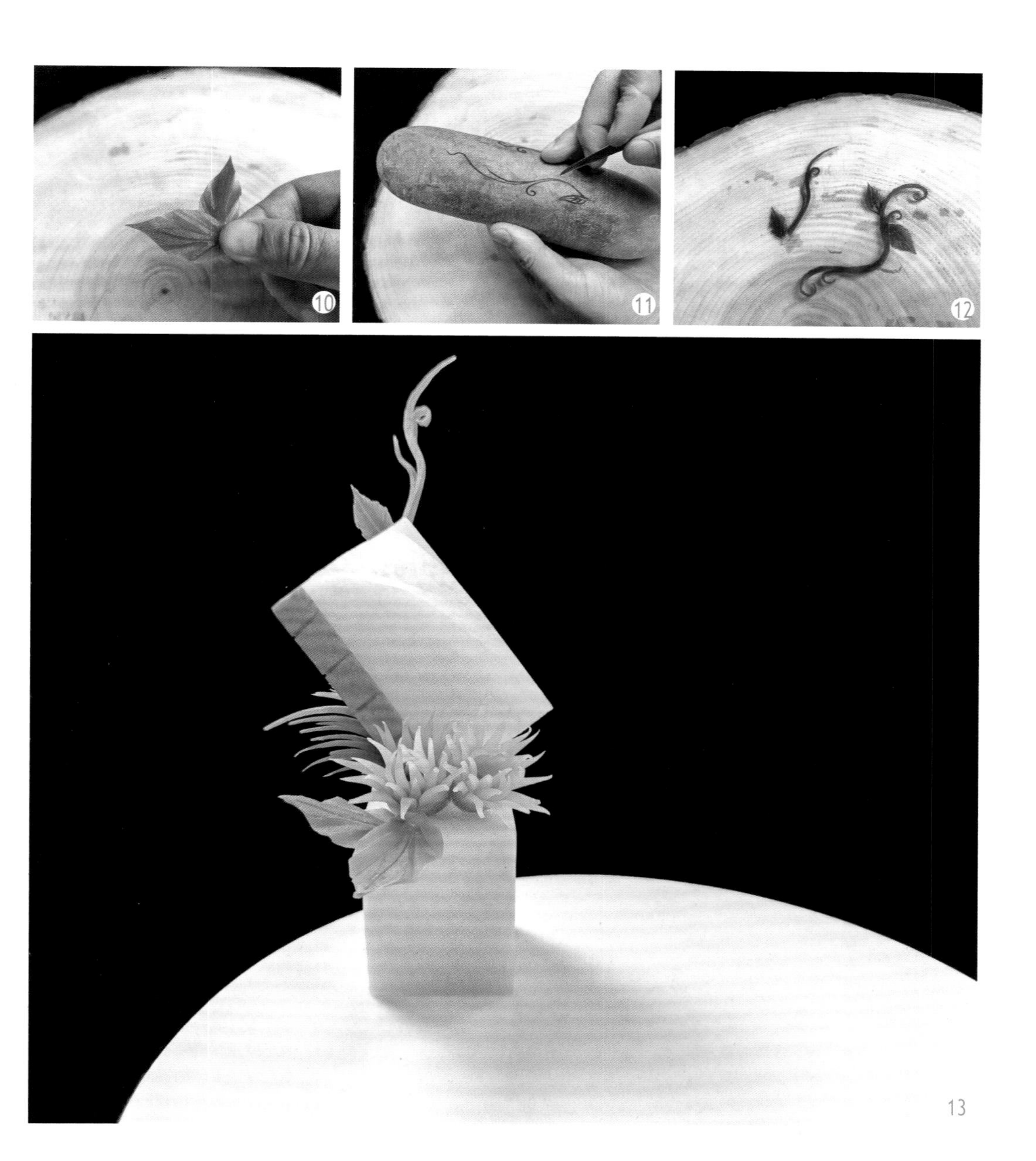

13

一桶江山

1. 木桶。取一节胡萝卜，用黑笔画出桶提手的位置（图 1），刻出提手的轮廓（图 2），再用黑笔画出提手的外形（图 3），刻出提手（图 4），用挖球器挖出桶体（图 5），用拉刀拉出木板的接头处（图 6），拉出桶箍（图 7）。

2. 底座。将几块胡萝卜用牙签固定在一起（图 8），修出石头的底座状（图 9）。

3. 组合。在底座上安放上木桶（图 10）；在一片胡萝卜片上画出扁担的形状（图 11），刻出扁担（图 12）；在胡萝卜片上用拉刀拉出细丝（图 13）；将扁担和细丝固定在木桶上（图 14），插上青萝卜皮刻的小草，将果酱注入木桶中，用蓝色果酱在旁边点缀（图 15）。

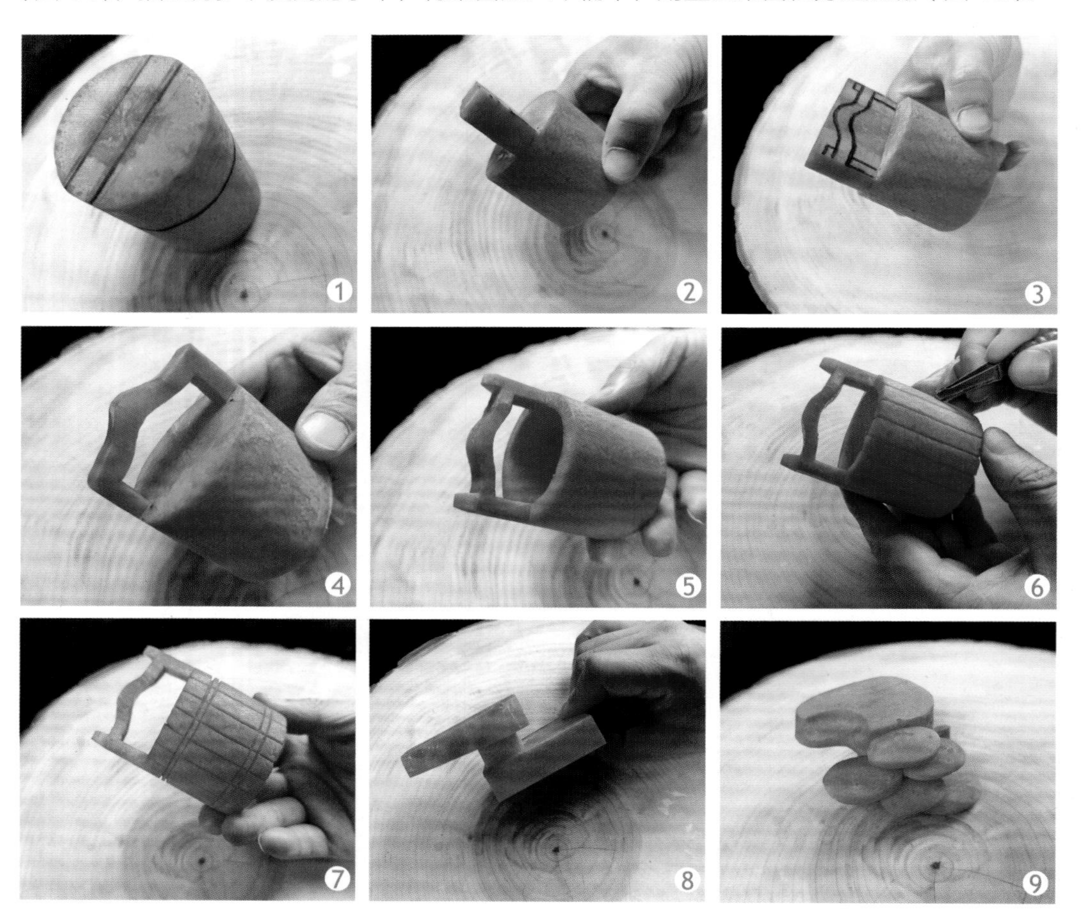

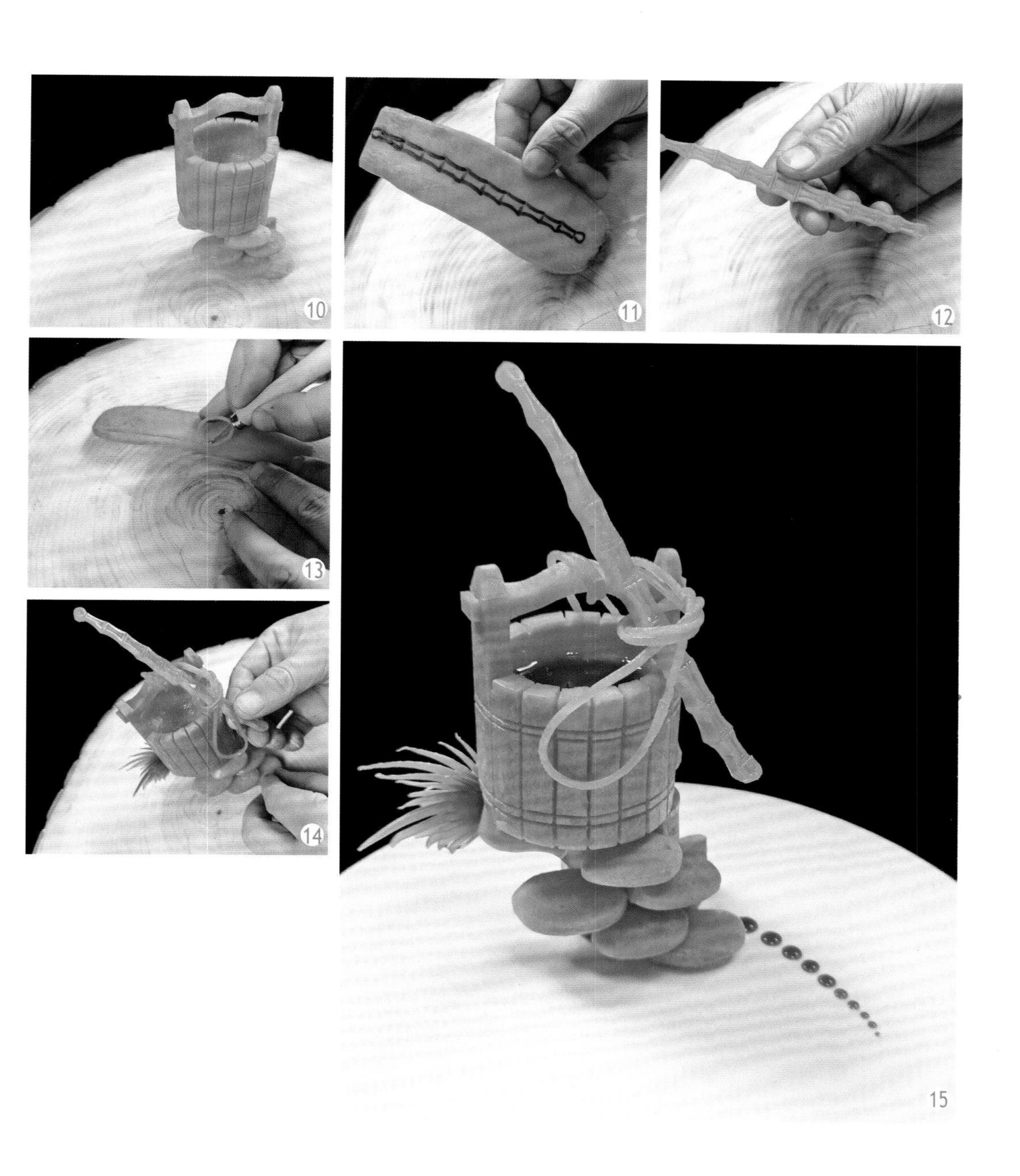

月亮情思

1. 底座。将白萝卜切成厚片，用模具刻出几片圆形底座，同时将其中一片刻出圆片后留用（图 1）。

2. 藤与叶。在青萝卜的外皮上用黑笔画出藤与叶的形状（图 2），用雕刻刀刻出叶子的轮廓（图 3），修出叶子（图 4、图 5）；同时刻出藤蔓的轮廓（图 6），修出藤蔓（图 7、图 8）。

3. 变形月亮。将心里美萝卜切成厚片（图 9），用槽刀刻出数个洞眼的变形月亮（图 10），然后将变形月亮片安装到白萝卜片的圆孔中（图 11），最后安装到三个萝卜皮底座上（图 12）。

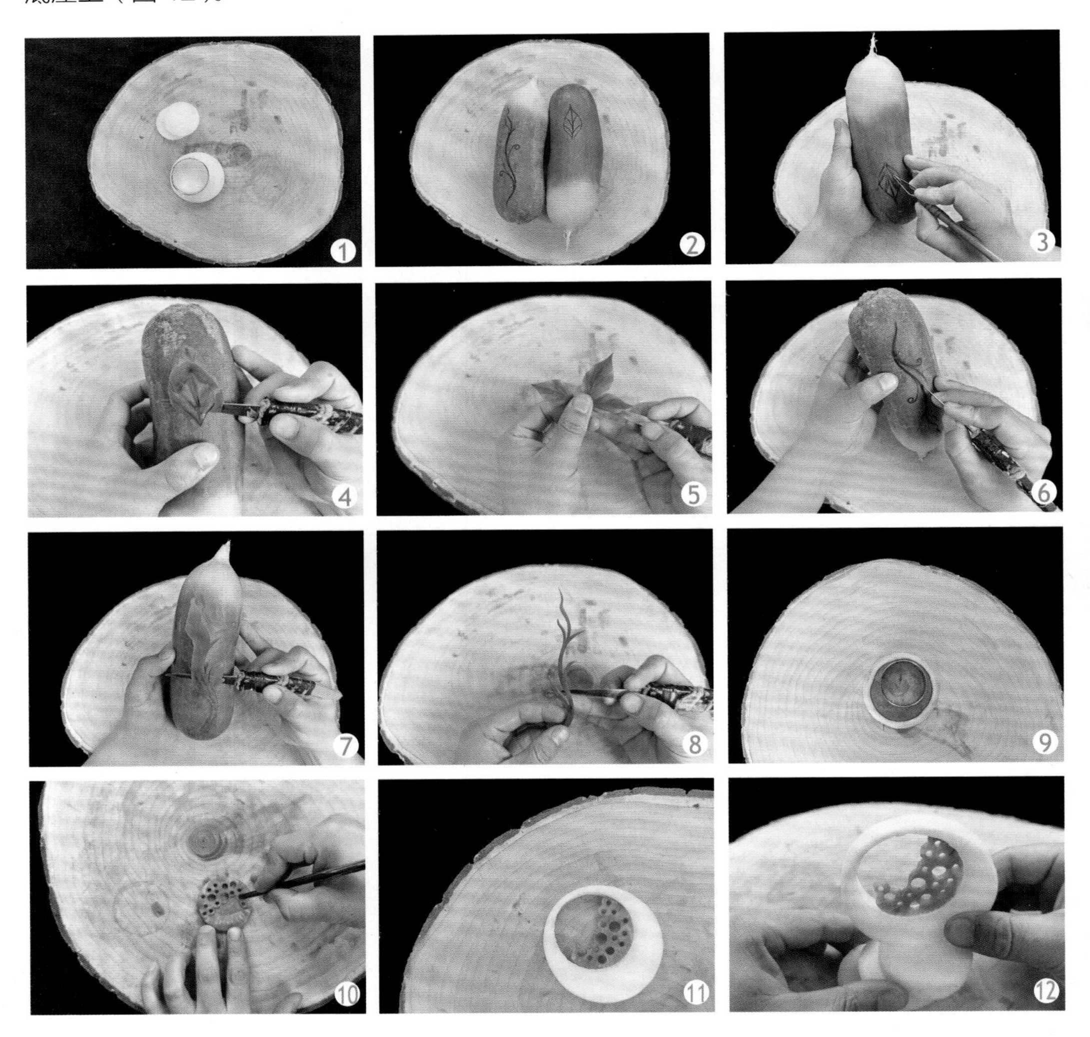

4. 胡萝卜花。将胡萝卜切段，修成圆台状（图 13），刻出第一层花瓣（图 14、图 15），然后旋出一层多余的胡萝卜（图 16），再刻出第二层花瓣（图 17），如此方法刻出第三层花瓣（图 18），刻出第四层花瓣（图 19），最后收口成萝卜花（图 20），配上叶子（图 21）。

5. 组合。最后将花朵、藤蔓安装在月亮刻件上（图 22）。

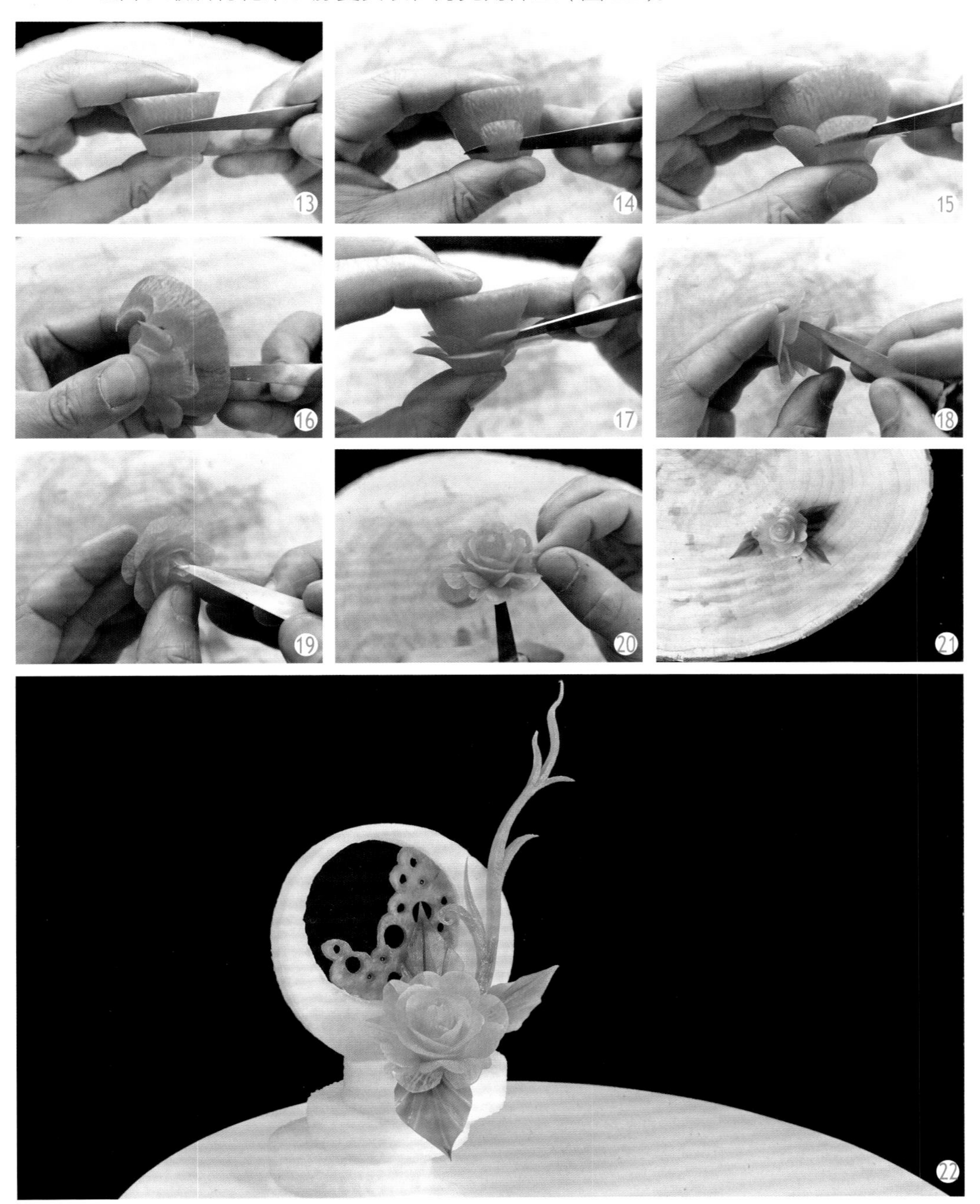

云上仙境

1. 花窗。将白萝卜切成花窗片（图 1），再将胡萝卜修成圆形片，用黑笔画上铜钱的轮廓（图 2），修成玲珑剔透的铜钱（图 3），将花窗上用槽刀开一个圆孔，大小与铜钱相仿，把铜钱嵌入圆孔中，用拉刀拉出花窗边框（图 4），最后将绿萝卜丝嵌入花窗边框上，即成古典风格的花窗（图 5）。

2. 茶花。将心里美萝卜修成五等份的圆台状（图 6），用雕刻刀修出第一圈圆花瓣（图 7），修去多余的萝卜，再修出第二圈圆花瓣（图 8），如此修出第三圈花瓣（图 9），修出第四圈花瓣（图 10），最后收拢花心成一朵茶花（图 11）。

3. 花叶。将一段青萝卜用槽刀开三道沟（图 12），用黑笔描画出花叶的轮廓（图 13），用雕刻刀修去多余的部分（图 14），形成花叶（图 15）。

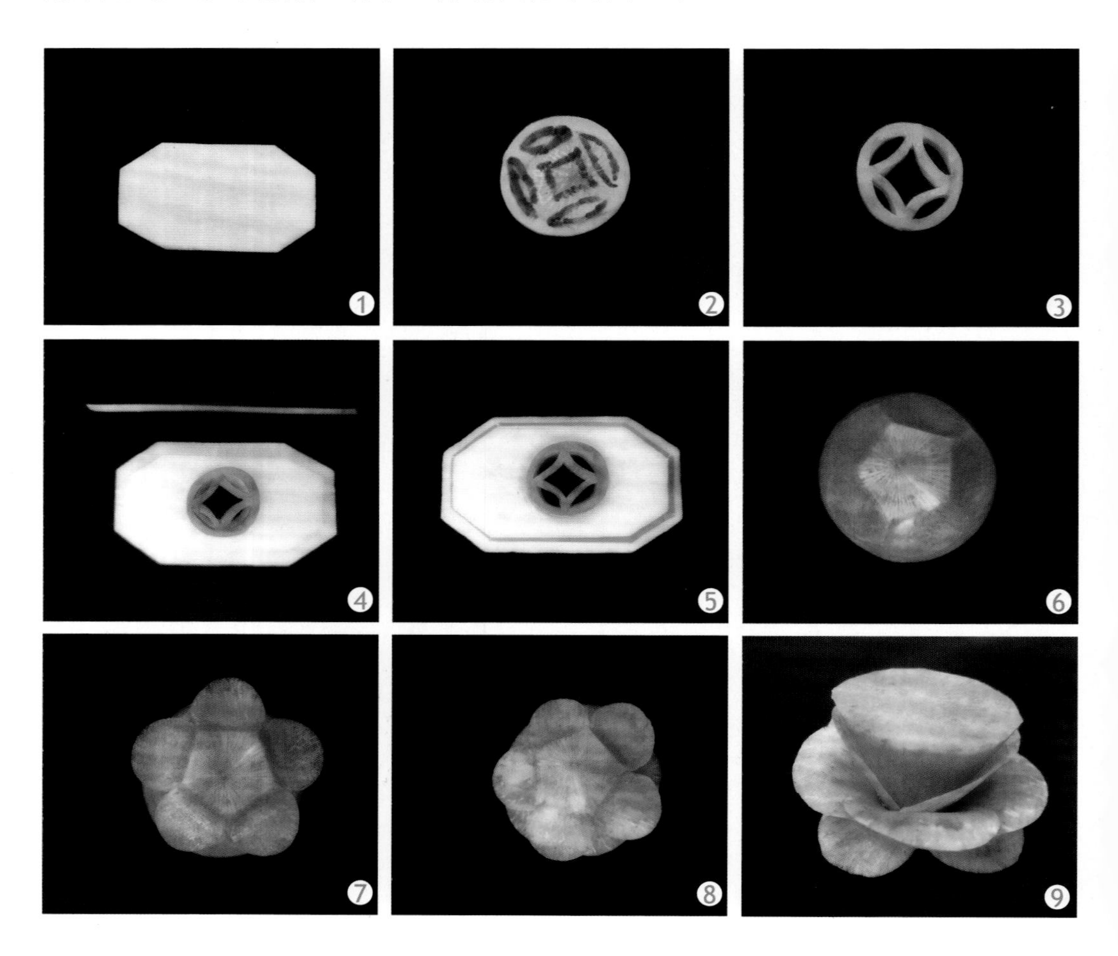

4. 野花。将心里美萝卜修成圆柱状。将一个胡萝卜头部修小，用一圈锯齿状青萝卜条围起作花蕊（图 16），从圆柱状心里美萝卜上用雕刻刀刻下花瓣（图 17），再用食用胶将花瓣围起粘接（图 18），用一根铅丝粘接串起两朵野花，配上青萝卜刻制的花叶（图 19）。

5. 小鸟。取一段胡萝卜，用黑笔描画出小鸟的轮廓（图 20），刻出鸟头（图 21）和翅膀（图 22），刻出羽毛（图 23）和尾羽（图 24）。

6. 浮云。取一块青萝卜（图 25），刻出花纹（图 26）和云彩的模样（图 27）。

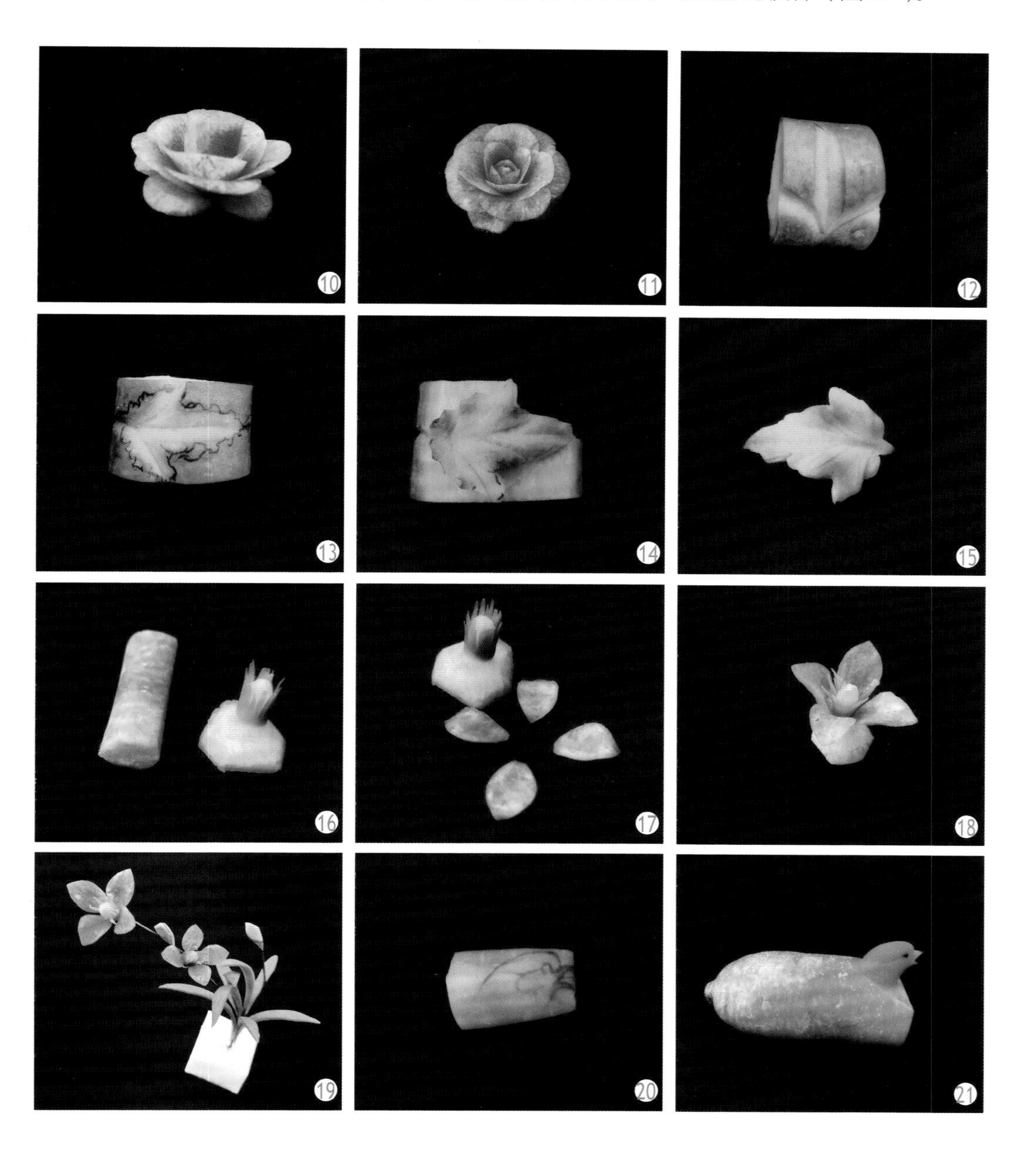

7. 组合。将茶花、小鸟、野花、花叶等用食用胶粘接在古典花窗上，用牙签固定在底座的云彩上即可（图 28）。

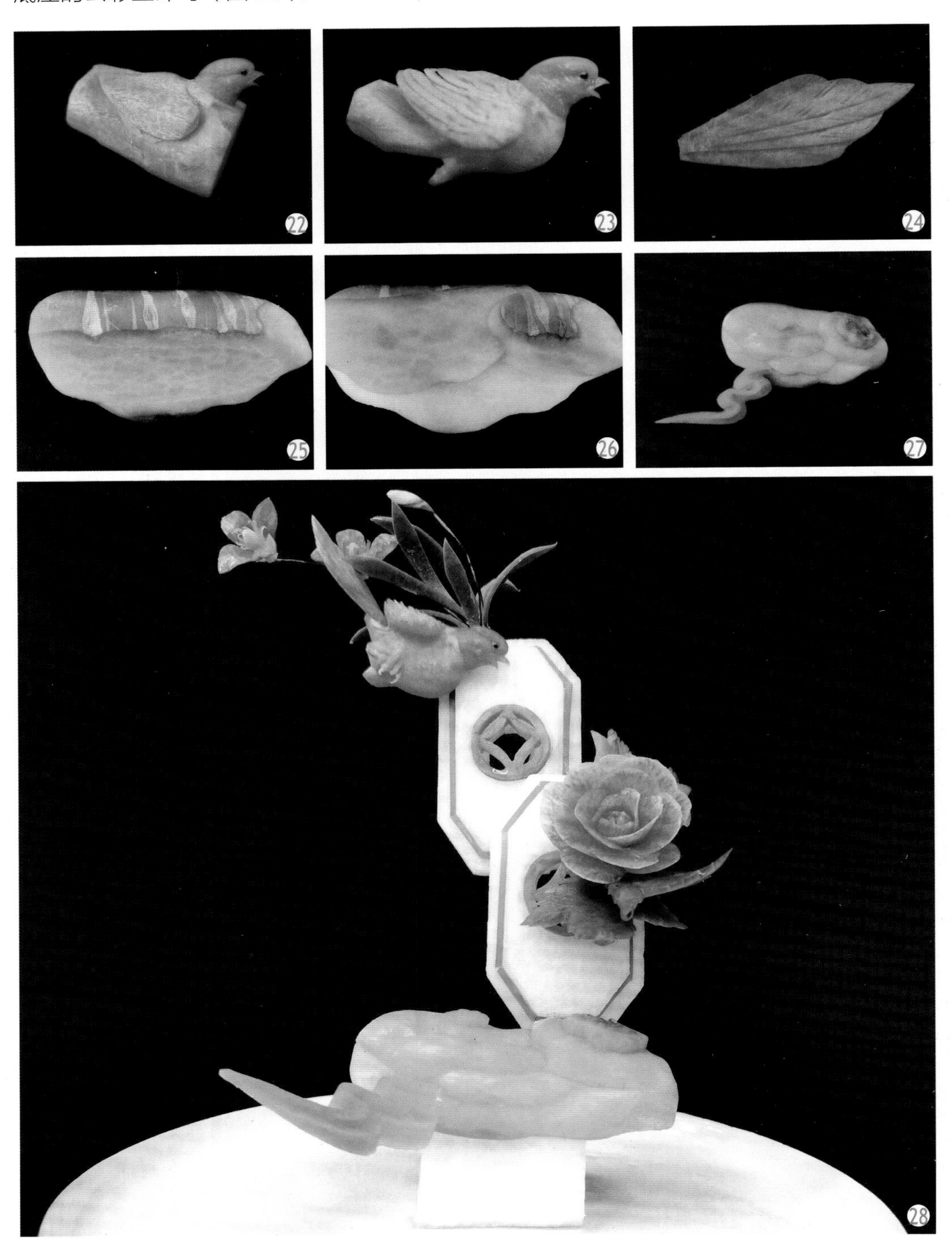

吉他弹唱

1. 吉他。将心里美萝卜切成厚片，用黑笔描出吉他的轮廓（图 1），用雕刻刀刻出吉他的粗坯（图 2），再刻出琴弦，拉出吉他的边缘线（图 3），配上调音旋钮（图 4）。

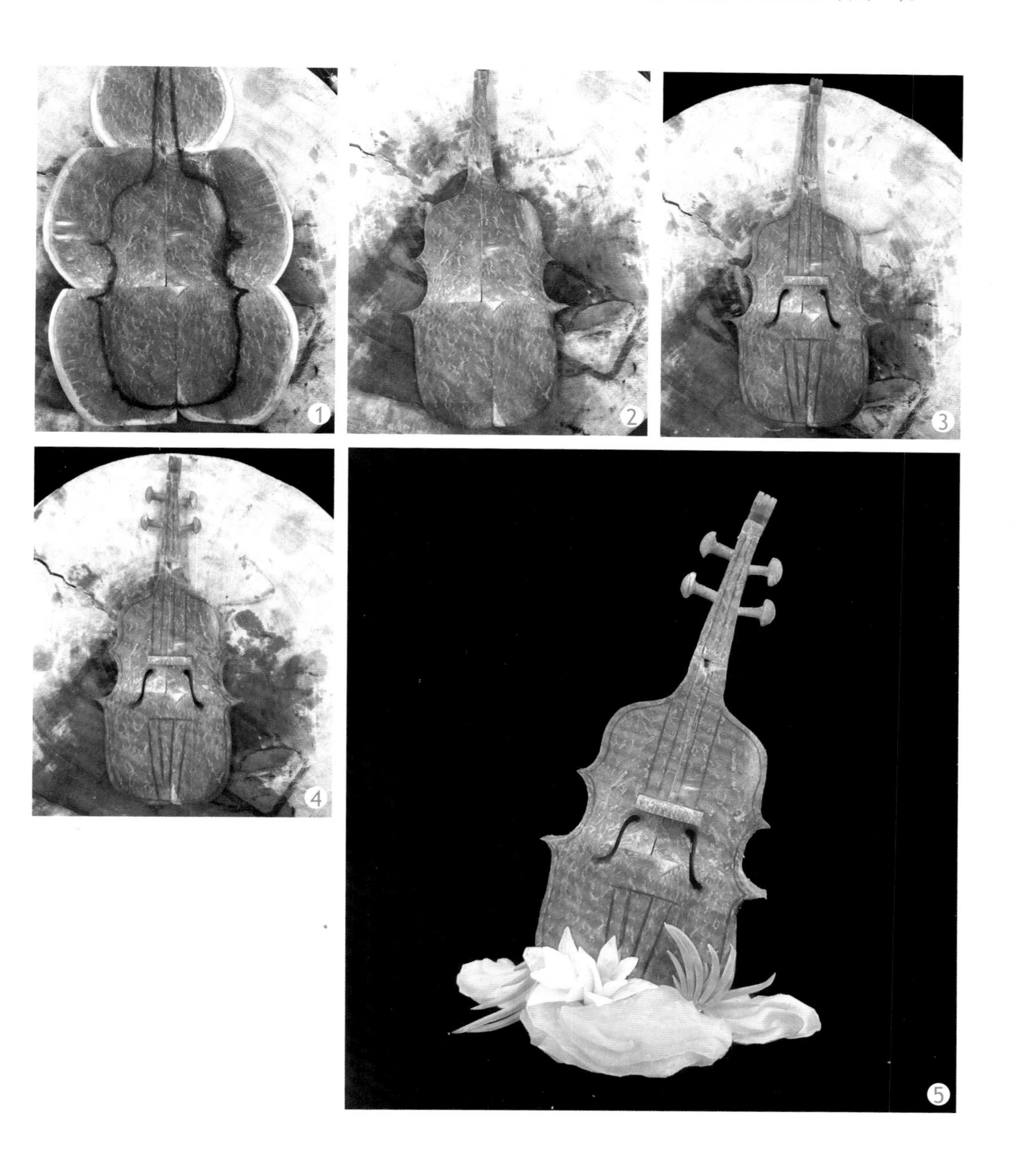

竹报平安

1. 竹子。将青萝卜切成条（图 1），修去棱角（图 2），变成条（图 3），刻出竹节（图 4），再刻出竹子（图 5），挖出竹腔（图 6），修成竹子状（图 7）。

2. 竹叶、竹枝。在青萝卜的外皮上用黑笔画出竹叶的形状（图 8），用刀刻出轮廓（图 9），再削下外皮（图 10），分出竹叶（图 11），在青萝卜的外皮上用黑笔画出竹枝的形状（图 12），修下竹枝后与竹叶粘在一起（图 13）；在青萝卜的外皮上用黑笔画出小草的形状（图 14），修下外皮后刻出小草的轮廓（图 15、图 16）。

3. 底座、石头。用白萝卜修出底座（图 17），再修出石头（图 18）。

4. 组合。将竹叶、竹枝粘在竹子上，再将竹子粘在底座上（图 19），点缀上石头、小草，挤上果酱点点（图 20）。

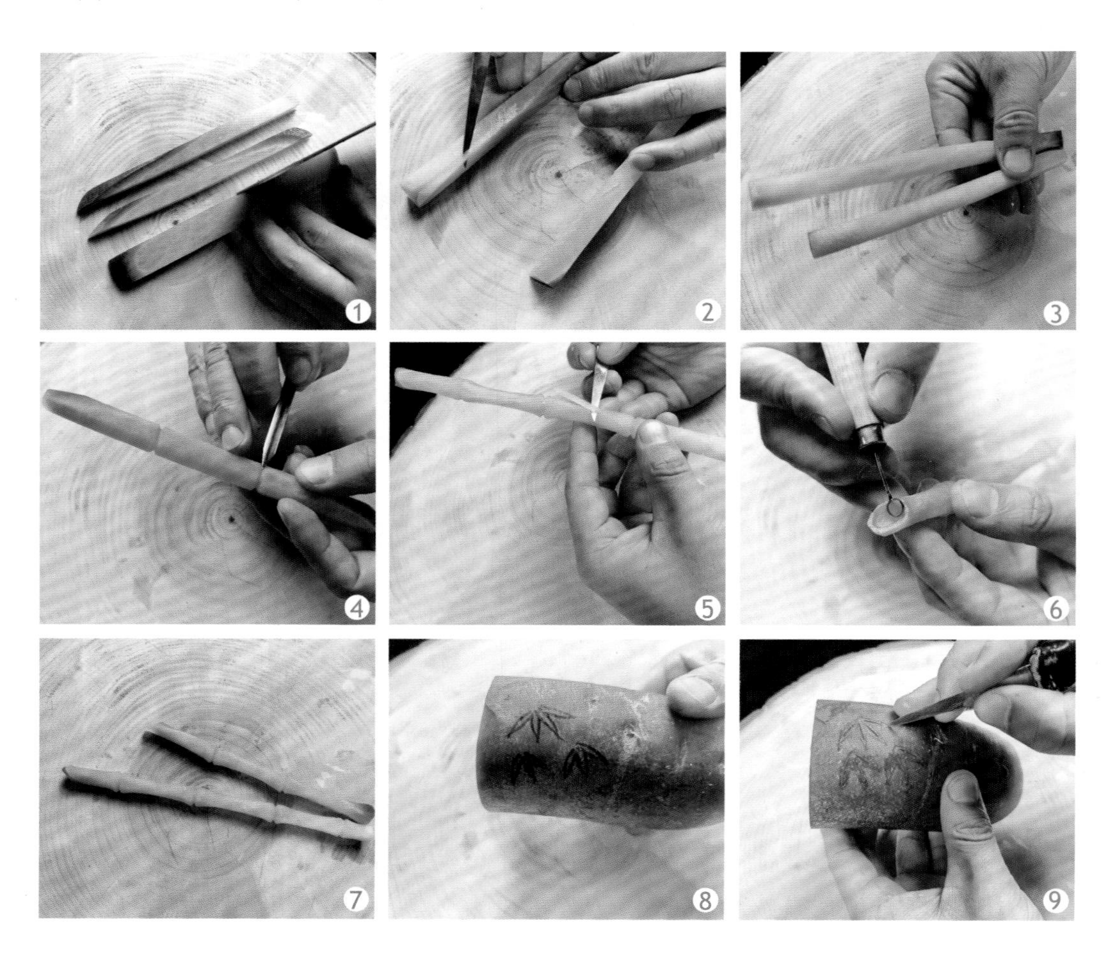

10
11
12
13
14
15
16
17
18
19
20

云海仙葫

1. 仙葫。取一段胡萝卜，用槽刀从中间分出仙葫的腰线（图 1），然后用雕刻刀修出葫芦上部（图 2、图 3），继续刻出小葫芦（图 4、图 5），接着用槽刀掏出一个洞（图 6、图 7），再从背面掏空（图 8），葫芦上部也如此（图 9），在胡萝卜上用黑笔画出铜钱的形状（图 10），刻出铜钱（图 11），镶嵌到葫芦的洞口处（图 12）。

2. 水花。在胡萝卜表面用黑笔画出水花的形状（图 13），用槽刀刻出水花（图 14），刻出水花的底边（图 15），刻出水花的轮廓（图 16），用刀削下来（图 17）。

3. 配件。用黑笔画出飘带的形状（图 18），用刀刻下（图 19、图 20）；用黑笔画出飘带的的带结（图 21），再用刀刻下（图 22）；用黑笔在心里美萝卜上画出云朵的形状（图 23），刻下云朵（图 24）；用黑笔在胡萝卜上画出底座的形状（图 25），用刀

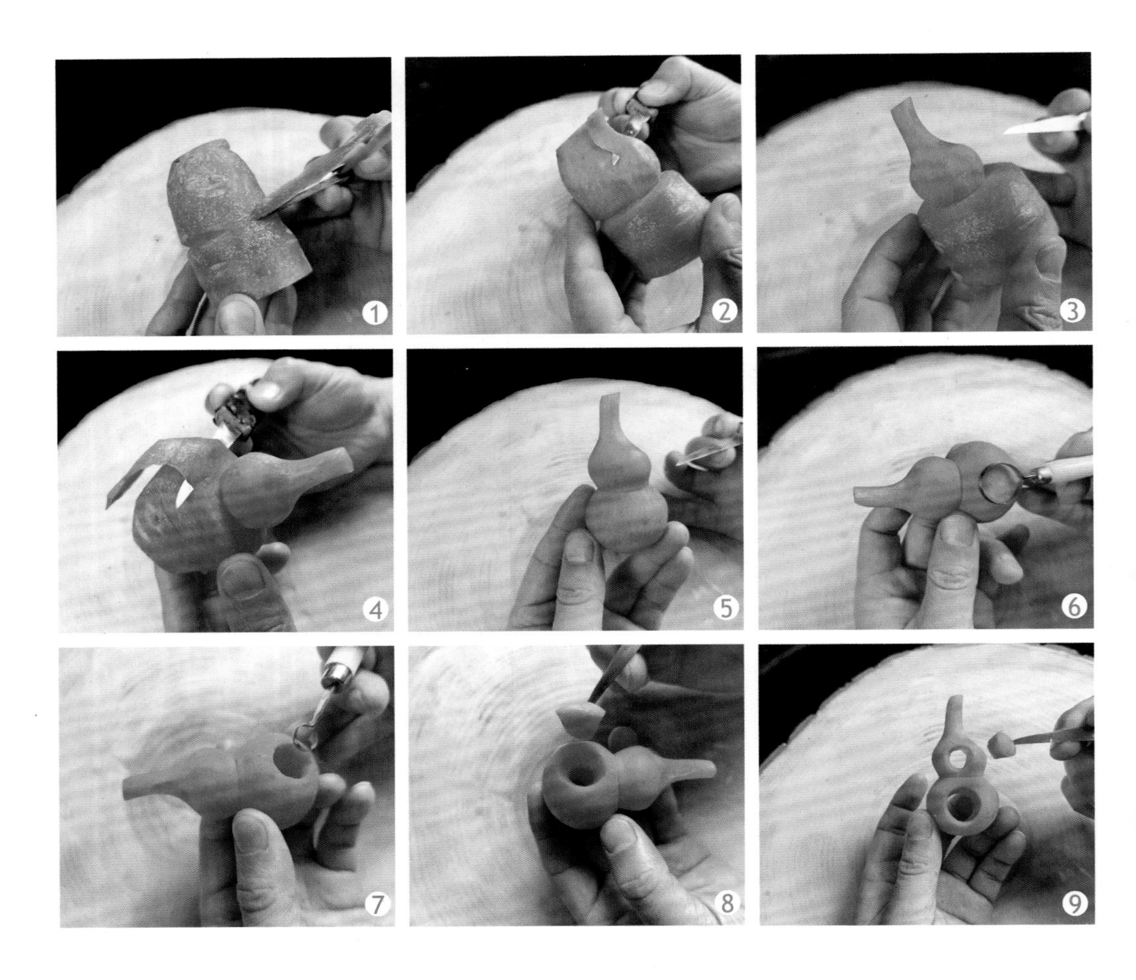

刻下（图26）。

4.组合。在胡萝卜的顶端粘上水花（图27），安在底座上（图28），粘上飘带和带结，点缀云朵（图29）。

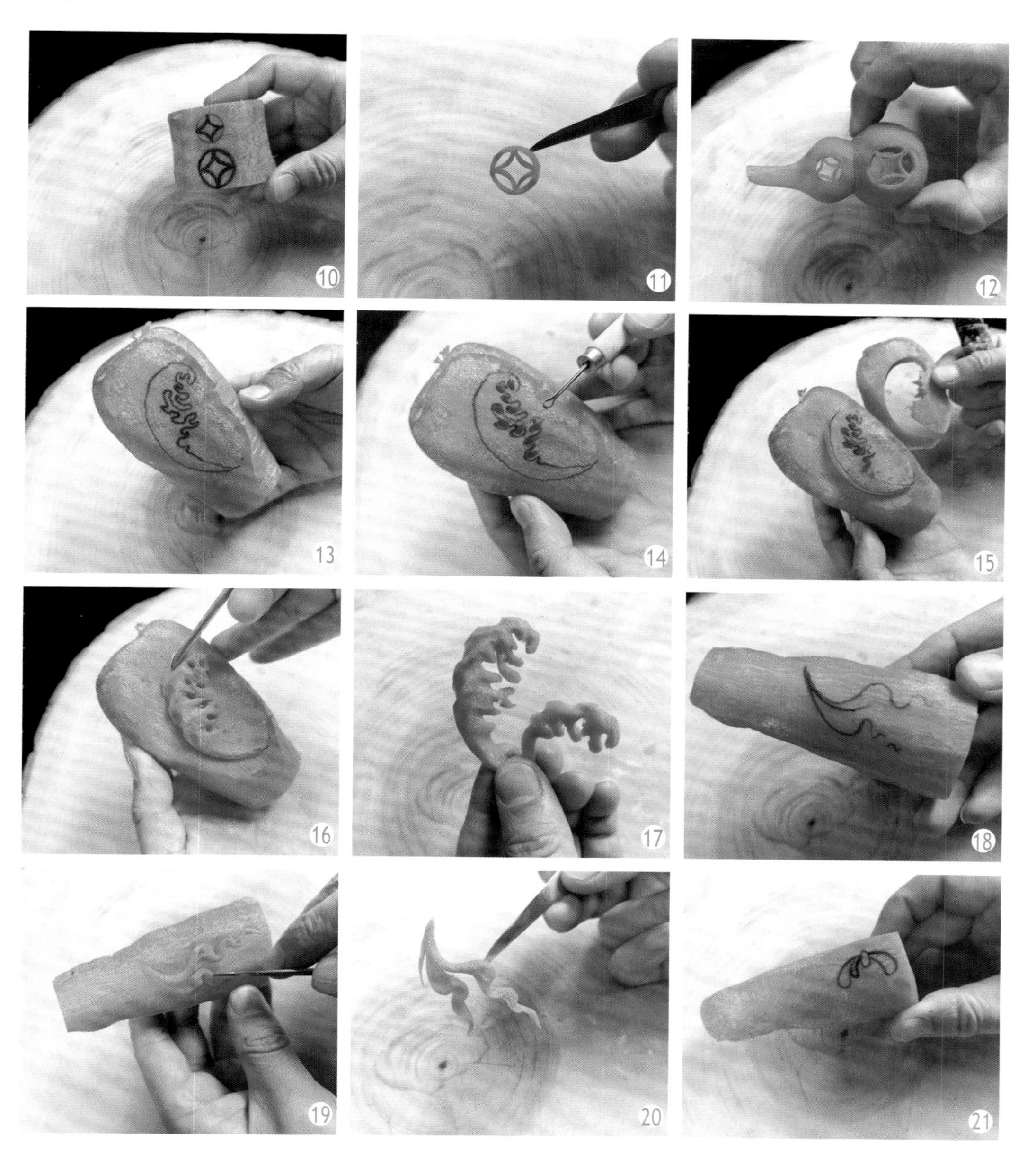

22
23
24
25
26
27
28
29

松树长青

1. 松树。将青萝卜切开后，用食用胶粘接在一起，再用黑笔描画出松树的轮廓（图 1），用雕刻刀刻出松树的粗坯（图 2），进一步用拉刀精雕细磨出松树的枝干外皮（图 3）。

2. 组合。将用青萝卜皮刻好的松针用食用胶粘接在松树枝头即可（图 4）。

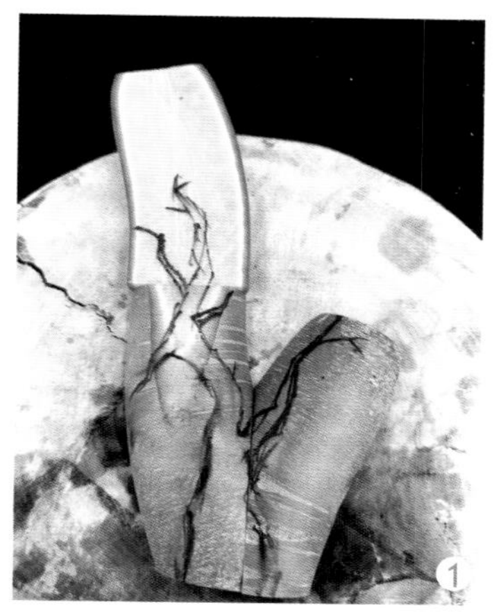

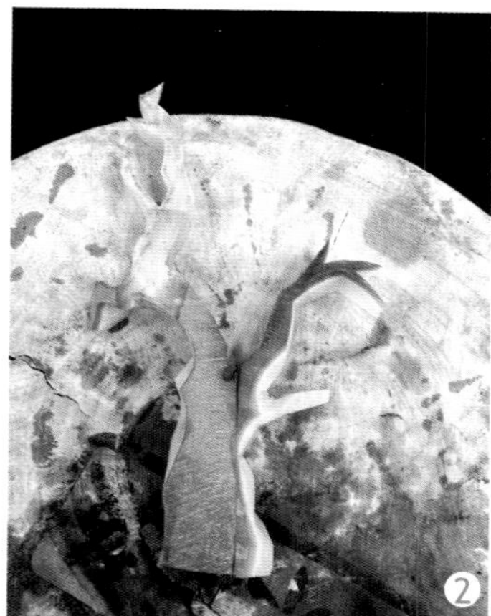